Wavelets
und
Anwendungen

von

Marco Schuchmann

Herstellung und Verlag:
Books on Demand GmbH, Norderstedt
ISBN 978-3-8448-1909-0

1 Inhalt

2 Vorwort

Dieses Buch gibt eine Einführung in die Theorie der Wavelets und es beschreibt verschiedene Anwendungen für Wavelets. Es beginnt mit den Grundlagen der Hilbertraumtheorie und der Fouriertransformation, die zum Einstieg in das Thema Wavelets notwendig sind. Danach werden Grundlagen zum Thema Wavelets, wie die Multiskalenanalyse, mit vielen anschaulichen Beispielen dargestellt. In vielen Beispielen werden das Haar-Wavelet und das Shannon-Wavelet verwendet und es wird die Konstruktion der Battle-Lemariè-Wavelets und der Daubechies-Wavelets beschrieben.

Zum Schluss werden Anwendungen von Wavelets vorgestellt, wie die Rauschreduzierung mit der diskreten Wavelettransformation, die diskrete Approximation (nichtparametrische Regression) und das numerische Lösen von Differentialgleichungen mit Wavelet-Basen.

3 Mathematische Grundlagen

In diesem Kapitel sind die wichtigsten mathematischen Grundlagen aus der Hilbertraumtheorie zusammengefasst, die zum Verständnis der Theorie der Wavelettransformation und Multiskalenanalyse notwendig sind. Wir beginnen mit **Beispielen** für Vektorräume und danach mit der Definition der Norm:

1) Der $\mathbb{R}^3$, der aus der Schulmathematik und der linearen Algebra bekannt ist, ist ein Vektorraum (über dem Körper der reellen Zahlen $\mathbb{R}$).

2) $C^r([a,b]) = \{f \in C([a,b]) \mid f \text{ ist r mal stetig differenzierbar}\}$. $C([a,b])$ ist der Raum der auf dem Intervall $[a,b]$ stetigen Funktionen.

4) $P([a,b]) =$ Menge aller Polynome mit Definitionsbereich $[a,b]$.

5) $\mathcal{L}^p(I) = \{f : I \to \mathbb{C} \mid f \text{ messbar}, \int_I |f(t)|^p \, dt < \infty \}$.

Definition der Norm:
Sei V ein Vektorraum und sei $\|.\|$ eine Abbildung von V in $\mathbb{R}$. Dann heißt diese Abbildung
    Norm, wenn folgendes gilt:
    1) $\|v\| \geq 0$ für alle $v \in V$ und $\|v\| = 0 \Leftrightarrow v = 0$
    2) $\|\lambda \cdot v\| = |\lambda| \cdot \|v\|$ für alle $v \in V$ und $\lambda \in K$
    3) $\|u\| + \|v\| \geq \|u + v\|$ für alle $u, v \in V$

Bemerkung:
K ist der Körper. In unseren Beispielen ist dies $\mathbb{R}$ oder $\mathbb{C}$.

Definition:
Sei $\|.\|$ eine Norm auf V, dann heißt $(V, \|.\|)$ ein normierter Raum. Ist dieser vollständig (d.h. konvergiert jede Cauchy-Folge), dann heißt dieser Raum Banachraum.

Bemerkung:

Wird bei 1) nur $\|v\| \geq 0$ (für alle $v \in V$) gefordert, so spricht man von einer Halbnorm.

Beispiele:

1) Norm auf $\mathbb{R}^3$:

Die folgende Norm ist als Euklidische Norm bekannt. Über diese kann die Länge eines Vektors im Raum bestimmt werden.

$$\| x \| = \sqrt{x_1^2 + x_2^2 + x_3^2}$$

2) Norm auf $L^2[a,b]$ und Halbnorm $\mathcal{L}^2[a,b]$:

$$\| f \| := \sqrt{\int_a^b f(t) \cdot \overline{f(t)}\,dt} \quad = \sqrt{\int_a^b | f(t) |^2 \, dt}$$

Der Strich über f(t) bedeutet komplex konjugiert (wenn $z = a + ib$ mit reellen a und b ist, dann ist $\overline{z} = a - ib$). Im Beispiel zu den Orthonormalsystemen werden wir die beiden oben vorgestellten Normen benötigen.

3) Norm auf $C([a,b])$:
$$\| f \|_\infty := \max_{a \leq t \leq b} | f(t) |$$

$(C([a,b]), \|.\|_\infty)$ ist ein Banachraum, wie auch die Normierten Räume im Beispiel 1) und 2).

Bemerkung:

$\mathcal{L}^2[a,b]$ wird auch der Raum aller auf dem Intervall [a,b] quadratisch integrablen Funktionen $f: \mathbb{R} \to \mathbb{C}$ genannt. Falls $f \in \mathcal{L}^2([a,b])$ und allgemein $f: [a,b] \to \mathbb{C}$ gilt, so muss

$$\int_a^b |f(t)|^2 \, dt < \infty$$

gelten. Mit der entsprechenden Norm aus Beispiele 2) wird $\mathcal{L}^2(I)$ zu einem halbnormierten Raum und $L^2(I) = \mathcal{L}^2(I) \, / \, N$ zum Banachraum, d.h., zu einem vollständig normierter Raum. Dabei ist $N = \{f \mid f = 0$ fast überall$\}$, d.h. für $f \in N$ gilt $\|f\| = 0$ mit der Norm aus Beispiel 2). Wir benötigen später den Raum $L^2(\mathbb{R})$, oder kurz: L^2

Der Raum L^2 (und auch L^1, den wir auch benötigen) enthält genau genommen keine Funktionen, sondern nur Äquivalenzklassen, Funktionen befinden sich in $\mathcal{L}^2$. In einer solchen Äquivalenzklasse befinden sich alle Funktionen, die sich nur auf einer Lebesgue Nullmenge unterscheiden. D.h. $f(t) = e^{-t^2}$ sowie $g(t) = e^{-t^2}$ für $t \neq 1$ und $g(t) = 8$ für $t = 1$ wären in derselben Äquivalenzklasse. Man könnte sogar f an abzählbar vielen Stellen verändern und es würde sich eine Funktion h in derselben Äquivalenzklasse. ergeben, denn diese hätte denselben Wert, wenn man ein Integral über diese berechnen würde, wie f. Hier wäre

$$\int_a^b |f(t)|^2 \, dt = \int_a^b |g(t)|^2 \, dt = \int_a^b |h(t)|^2 \, dt \; .$$

Somit kann

$$\int_a^b |v(t)|^2 \, dt = 0$$

gelten, obwohl v(t) nicht identisch Null ist für alle $t \in \mathbb{R}$. Damit ist nämlich, was man an der Definition der Norm unter 1) sieht, $\mathcal{L}^2(I)$ kein normierter Raum (nur ein halbnormierter Raum) und dies ist auch der Grund, warum man in der Theorie den Raum L^2 benötigt. Genau genommen könnte man dann nicht sagen, die Funktion $\psi \in L^2$ ist ein Wavelet, viele Bücher zum Thema Wavelet tun dies aber (sonst müsste alles aufwändiger beschrieben werden). D.h., *wenn in den folgenden Kapiteln steht „f ist in L^p", so bedeu-*

*tet dies genau genommen, dass f ein Repräsentant der Äquivalenzklasse [f]
ist und [f] $\in L^p$.*

Bemerkung:
Man kann auch die Norm für einen linearen Operator P bestimmen durch
$\|P\| = \sup\limits_{\|x\|=1} \| Px \|$. Dies ist die Norm auf L(X,Y) = Menge aller linearen,
beschränkten Abbildungen von X nach Y.

Definition Skalarprodukt:
Sei V ein Vektorraum über einem Körper K.
Durch die Abbildung $< .,. >$: $V \times V \to K$ ist ein Skalarprodukt definiert,
falls gilt:
(1) $<v,v> \geq 0$ für alle $v \in V$ und $<v,v> = 0 \Leftrightarrow v = 0$
(2) $<v,w> = \overline{<w,v>}$ für alle $v, w \in V$
(3) $<\alpha \cdot u + \beta \cdot v, w> = \alpha \cdot <u,w> + \beta \cdot <v,w>$ für alle u, v, w $\in$ V und
   $\alpha, \beta \in K$.

Bemerkung:
1) K ist der Körper ($\mathbb{R}$ oder $\mathbb{C}$).
2) Aus der Definition des Skalarprodukts folgt:

$$\text{(a)} \quad \left\langle \sum_{j=1}^{n} x_j, y \right\rangle = \sum_{j=1}^{n} \left\langle x_j, y \right\rangle$$

$$\text{(b)} \quad \left\langle x, \sum_{j=1}^{n} y_j \right\rangle = \sum_{j=1}^{n} \left\langle x, y_j \right\rangle$$

$$\text{(c)} \quad \left\langle x, \alpha \cdot y \right\rangle = \overline{\alpha} \cdot \left\langle x, y \right\rangle$$

Beispiele:
1) Sei x, y$\in \mathbb{R}^2$, dann ist durch $< x, y > := x_1 \cdot y_1 + x_2 \cdot y_2 + x_3 \cdot y_3$ ein Skalarprodukt definiert.

Der Nachweis, dass das oben beschriebene Produkt der Definition des Skalarproduktes genügt, kann ziemlich einfach erbracht werden.

2) Sei f, g $\in$ L^2[a,b], dann ist durch $<f,g> := \int_a^b f(t) \cdot \overline{g(t)} dt$ ein Skalarprodukt

definiert. Dieses Skalarprodukt verwenden wir in allen folgenden Kapitel (für f in L^2[a,b] bzw. in $\mathcal{L}^2$ [a,b]).

Wir zeigen, dass die Definition des Skalarprodukts erfüllt ist:

(1) $<f,f> = \int_a^b f(t) \cdot \overline{f(t)} dt = \int_a^b |f(t)|^2 \, dt \geq 0$ für alle $f \in \mathcal{L}^2$ [a,b], da

$|f(t)| \geq 0$. Es gilt auch $<f,f> = 0 \Leftrightarrow f \in N$.

$<f,g> = \int_a^b f(t) \cdot \overline{g(t)} dt = \int_a^b \overline{\overline{f(t)} \cdot g(t)} dt = \overline{\int_a^b g(t) \cdot \overline{f(t)} dt} = \overline{<g,f>}$ für alle

f, g $\in \mathcal{L}^2$ [a,b]

(2)

$<\alpha \cdot f + \beta \cdot g, h> = \int_a^b ((\alpha \cdot f(t) + \beta \cdot g(t)) \cdot \overline{h(t)}) dt$

$\qquad = \int_a^b (\alpha \cdot f(t) \cdot \overline{h(t)} + \beta \cdot g(t) \cdot \overline{h(t)}) dt$

$\qquad = \int_a^b (\alpha \cdot f(t) \cdot \overline{h(t)}) dt + \int_a^b (\beta \cdot g(t) \cdot \overline{h(t)}) dt$

$\qquad = \alpha \cdot \int_a^b (f(t) \cdot \overline{h(t)}) dt + \beta \cdot \int_a^b (g(t) \cdot \overline{h(t)}) dt$

$\qquad = \alpha \cdot <f,h> + \beta \cdot <g,h>$

für alle f, g, h $\in \mathcal{L}^2$ [a,b] und $\alpha, \beta \in \mathbb{C}$.

Man kann eine Norm auf einem Vektorraum auch über ein Skalarprodukt definieren (und auch vice versa):

$$\|v\| = \sqrt{\langle v, v \rangle}$$

Definition:
Ein normierter Raum (V, $\|.\|$) heißt Prähilbertraum, wenn es ein Skalarprodukt <.,.> gibt auf V×V mit $\langle x, x \rangle^{1/2} = \| x \|$ für alle x∈V. Ein vollständiger Prähilbertraum heißt Hilbertraum.

Satz (Cauchy-Schwarzsche Ungleichung):
Es gilt: $|<x,y>| \leq \|x\| \, \|y\|$

Definition:
Der Träger einer Funktion f ist definiert durch:

$$(\text{Supp}(f) =) \, \text{Träger}(f) := \overline{\{t \mid f(t) \neq 0\}}$$

Bemerkungen:
1) $\overline{M}$ ist die abgeschlossen Hülle von M und ist somit der Schnitt aller abgeschlossenen Mengen $M_i \supseteq M$. M ist abgeschlossen, wenn der Rand von M zu M gehört. Wenn das Komplement einer Menge M abgeschlossen ist, dann ist diese Menge M offen.

2) Mit $V = \mathbb{R}^n$ heißt eine Teilmenge T von V kompakt, wenn sie abgeschlossen und beschränkt ist. Wenn V ein topologischer Raum ist, dann heißt T kompakt, wenn jede offene Überdeckung von T eine endliche Teilüberdeckung besitzt. Wenn (T,d) ein metrischer Raum ist, dann ist T genau dann kompakt, wenn jede Folge in T eine konvergente Teilfolge besitzt. Ein normierter Raum ist auch ein metrischer Raum, denn man kann über $d(x,y) = \|x - y\|$ eine Metrik d: V × V → $\mathbb{R}$ definieren (für diese muss $d(x,y) = 0 \Leftrightarrow x = y$, $d(x,y) = d(y,x)$ und $d(x,y) + d(y,z) \geq d(x,z)$ gelten).

Definition lineare Unabhängigkeit (im endlichdimensionalen Raum):
Die n Elemente v_1, v_2, ..., v_n eines Vektorraums V sind genau dann linear unabhängig, wenn:

$$\lambda_1 \cdot v_1 + \lambda_2 \cdot v_2 + ... + \lambda_n \cdot v_n = 0 \Leftrightarrow \lambda_1 = \lambda_2 = ... = \lambda_n = 0 \text{ mit } \lambda_i \in K$$

Bemerkung:
Eine unendliche Teilmenge M eines Vektorraums V heißt linear unabhängig, falls jede endliche Teilmenge von M linear unabhängig (nach obiger Definition) ist.

Definition Basis (im endlichdimensionalen Raum):
Sei V ein Vektorraum der Dimension n, d.h. man findet maximal n zueinander linear unabhängige Vektoren v_1, v_2, ..., v_n in V. In diesem Fall bildet die Menge dieser n Vektoren $\{v_1, v_2, ..., v_n\}$ eine Basis dieses Vektorraums und man kann jeden Vektor x dieses Vektorraums eindeutig als Linearkombination der Basiselemente darstellen:

$$x = \lambda_1 \cdot v_1 + \lambda_2 \cdot v_2 + ... + \lambda_n \cdot v_n = \sum_{i=1}^{n} \lambda_i \cdot v_i \quad \text{mit } \lambda_i \in K$$

Bemerkung:
1) Die lineare Hülle der Vektoren $\{v_1, v_2, ..., v_n\}$ ist definiert durch:
lin $\{v_1, v_2, ..., v_n\} = \{x \mid x = \lambda_1 \cdot v_1 + \lambda_2 \cdot v_2 + ... + \lambda_n \cdot v_n \text{ mit } \lambda_i \in K\}$

2) Den Vektorraum $L^2[a,b]$ bzw. $L^2(\mathbb{R})$, den wir in den folgenden Kapiteln ständig benötigen, ist ein unendlich dimensionaler Vektorraum. Damit enthält eine Basis dieses Raumes unendlich viele Elemente, wobei diese Basen abzählbar sind, denn dieser Hilbertraum ist separabel (siehe Bemerkung am Ende dieses Kapitels). Wir werden in den folgenden Kapiteln Basen dieses Raumes kennenlernen. In einem solchen Raum könnte man dann ein Element x dieses Raumes durch die Basiselemente v_i wie folgt darstellen:

$$x = \sum_{i} \lambda_i \cdot v_i \text{ mit } \lambda_i \in K$$

Als Summationsbereich kann hier $\mathbb{N}$ oder auch $\mathbb{Z}$ benötigt werden.

Ein weiterer unendlich dimensionaler Vektorraum wäre der Vektorraum aller Polynome $P(\mathbb{R})$. Eine einfache Basis wäre $\{1,x,x^2,x^3,x^4,...\}$. Betrachtet man allerdings einen Untervektorraum z.B. aller Polynome bis zum maximalen Grad 3, so hätte dieser eine endliche Basis $\{1,x,x^2,x^3\}$.

Orthonormalsysteme (im endlichdimensionalen Raum):
Es seien die Vektoren v_1, v_2, ..., v_n eine Basis eines Prähilbertraums V. Gilt für jeweils zwei Basiselemente v_i und v_j die Beziehung $<v_i, v_j> = 0$ für $i \neq j$, so spricht man von einer Orthogonalbasis. Gilt außerdem $<v_i, v_i> = 1$ bzw. $\|v_i\| = 1$, so ist diese Basis eine Orthonormalbasis dieses Vektorraumes bzw. ein Orthonormalsystem.

Im Falle einer Orthonormalbasis lassen sich die Koeffizienten λ_i oben wie folgt berechnen: $\lambda_i = <x, v_i>$

Dies kann leicht gezeigt werden, denn es gilt:

$$< x, v_i > = < \sum_{j=1}^{n} \lambda_j \cdot v_j, v_i > = \sum_{j=1}^{n} \lambda_j \cdot < v_j, v_i > = \lambda_i \text{ für } i = 1,2,...,n$$

Satz:
Genau dann, wenn v_1, v_2, ..., v_n eine OB eines Prähilbertraums V ist, gilt die Parsevalsche Gleichung: $\|x\|^2 = \sum_{j=1}^{n} |\lambda_j|^2$

Beweis:

$$\|x\|^2 = < x, x > = \left\langle \sum_{j=1}^{n} \lambda_j \cdot v_j, \sum_{k=1}^{n} \lambda_k \cdot v_k \right\rangle = \sum_{j=1}^{n} \lambda_j \cdot \left\langle v_j, \sum_{k=1}^{n} \lambda_k \cdot v_k \right\rangle$$

$$= \sum_{j=1}^{n} \lambda_j \cdot \sum_{k=1}^{n} \overline{\lambda}_k \cdot \left\langle v_j, v_k \right\rangle = \sum_{j=1}^{n} |\lambda_j|^2$$

Bemerkung:
Bildet S = {e_1, e_2, …, e_n} ein OS eines Prähilbertraums V, so ist S eine linear unabhängige Teilmenge von V, denn

$$0 = x = \sum_{k=1}^{n} \alpha_k \cdot e_k \Leftrightarrow \alpha_k = \langle 0, e_k \rangle = 0 \, .$$

Definition:
  (1) Sei V ein Prähilbertraum. $x, y \in V$ heißen orthogonal, wenn $\langle x, y \rangle = 0$.
  (2) A, B $\subseteq$ V heißen orthogonal, wenn $\langle x, y \rangle = 0$ für alle $x \in A$ und $y \in B$.
  (3) $A^{\perp} = \{x \in V \mid \langle x, y \rangle = 0 \text{ f.a. } y \in A\}$ heißt orthogonales Komplement von A.

Bemerkung:
(1) $A^{\perp}$ ist immer abgeschlossen.
(2) Aus $\langle x, y \rangle = 0$ folgt $\|x\|^2 + \|y\|^2 = \|x+y\|^2$ (Pythagoras). Bildet {a, b, c} ein Orthogonalsystem, so gilt $\|a + b + c\|^2 = \|a\|^2 + \|b\|^2 + \|c\|^2$ bzw. aus dem obigen Satz folgt noch allgemeiner: Bildet {e_1, e_2, …, e_n} ein OS, dann gilt mit $\alpha_k \in K$:

$$\left\| \sum_{k=1}^{n} \alpha_k \cdot e_k \right\|^2 = \sum_{k=1}^{n} |\alpha_k|^2$$

(3) Mit (2) kann man zeigen, dass $\sum_{k=1}^{\infty} \alpha_k \cdot e_k$ genau dann eine Cauchy-Reihe ist, wenn $\sum_{k=1}^{\infty} |\alpha_k|^2$ konvergiert, womit in einem Hilbertraum mit $\sum_{k=1}^{\infty} |\alpha_k|^2$ auch $\sum_{k=1}^{\infty} \alpha_k \cdot e_k$ konvergiert.

Definition (Orthonormalsystem und Orthonormalbasis allgemein):

   (1) $S \subseteq H$, H Hilbertraum. S heißt Orthonormalsystem (OS), wenn $\|e\| = 1$ und $<e,f> = 0$ für alle $e,f \in S$ mit $e \neq f$.

   (2) Sei H ein Hilbertraum. Ein Orthonormalsystem S heißt Orthonormalbasis (OB), wenn für alle Orthonormalsysteme $T \subseteq H$ gilt: $S \subseteq T \implies S = T$. (D.h. es gibt kein „größeres" OS.)

Beispiel:

$H = L^2[0,2\pi]$, dann ist $S = \left\{ \dfrac{1}{\sqrt{2\pi}} e^{i \cdot k \cdot t} \right\}_{k \in \mathbb{Z}}$ eine OB, siehe Fourierreihe.

Bemerkung:

Bilden die Elemente x_i ein Orthogonalsystem, dann kann man diese normieren über:

$$y_i = \frac{1}{\| x_i \|} \cdot x_i$$

Die y_i bilden dann ein Orthonormalsystem.

Beispiele:

1) In $H = \mathbb{R}^2$ bilden die unteren zwei Vektoren v_1, v_2 ein Orthonormalsystem mit $\langle x, y \rangle := x_1 y_1 + x_2 y_2$ (und $\|x\| = \sqrt{\langle x, x \rangle}$):

$$v_1 = \frac{1}{\sqrt{2}} \begin{pmatrix} 1 \\ 1 \end{pmatrix}, \quad v_2 = \frac{1}{\sqrt{2}} \begin{pmatrix} 1 \\ -1 \end{pmatrix}$$

Nun könnte man jeden Vektor x in $\mathbb{R}^2$ wie folgt darstellen durch:

$$x = <x,v_1> \cdot v_1 + <x,v_2> \cdot v_2$$

2) Es sei $H = \mathbb{R}^3$ mit $\langle x, y \rangle := x_1 y_1 + x_2 y_2 + x_3 y_3$ (und $\|x\| = \sqrt{\langle x, x \rangle}$).

Die lineare Hülle des OS $S = \left\{ \begin{pmatrix} 1 \\ 0 \\ 0 \end{pmatrix}, \begin{pmatrix} 0 \\ 1 \\ 0 \end{pmatrix} \right\}$ ist:

$$\text{lin } S = \left\{ x \Big|\ x = c_1 \begin{pmatrix} 1 \\ 0 \\ 0 \end{pmatrix} + c_2 \begin{pmatrix} 0 \\ 1 \\ 0 \end{pmatrix} \right\}$$

Das Minimierungsproblem

$$\min_{\lambda} \left\| \begin{pmatrix} 5 \\ 3 \\ 4 \end{pmatrix} - \left(\lambda_1 \begin{pmatrix} 1 \\ 0 \\ 0 \end{pmatrix} + \lambda_2 \begin{pmatrix} 0 \\ 1 \\ 0 \end{pmatrix} \right) \right\|^2$$

wird durch

$$\lambda_1 = \left\langle \begin{pmatrix} 5 \\ 3 \\ 4 \end{pmatrix}, \begin{pmatrix} 1 \\ 0 \\ 0 \end{pmatrix} \right\rangle = 5 \text{ und } \lambda_2 = \left\langle \begin{pmatrix} 5 \\ 3 \\ 4 \end{pmatrix}, \begin{pmatrix} 0 \\ 1 \\ 0 \end{pmatrix} \right\rangle = 3$$

gelöst. Es gilt:

$$\hat{x} := 5 \cdot \begin{pmatrix} 1 \\ 0 \\ 0 \end{pmatrix} + 3 \cdot \begin{pmatrix} 0 \\ 1 \\ 0 \end{pmatrix} = \begin{pmatrix} 5 \\ 3 \\ 0 \end{pmatrix}$$

ist das Ergebnis einer Orthogonalprojektion von $x = \begin{pmatrix} 5 \\ 3 \\ 4 \end{pmatrix}$ auf lin S, was an-

schaulich klar ist, denn lin S ist die x-y-Ebene.

Satz:
Bildet $\{e_1, e_2, \ldots, e_n\}$ ein OS in einem Prähilbertraum V, so ist die Gauß'sche Approximationsaufgabe

$$\min \left\| x - \sum_{k=1}^{n} \alpha_k \cdot e_k \right\|$$

eindeutig lösbar durch $\alpha_k = \langle x, e_k \rangle$, $x \in V$.

Bemerkung:
Wenn $\{e_1, e_2, \ldots, e_n\}$ eine OB bildet, dann gilt natürlich, dass das obige Minimum gleich Null ist. Für ein OS $\{e_1, e_2, \ldots, e_n\}$ kann man zeigen (siehe u. a. in [6], Kap. 20), dass

$$\left\| x - \sum_{k=1}^{n} \alpha_k \cdot e_k \right\|^2 = \|x\|^2 - \sum_{k=1}^{n} |\langle x, e_k \rangle|^2 + \sum_{k=1}^{n} |\langle x, e_k \rangle - \alpha_k|^2 \text{ gilt.}$$

D.h. durch die Wahl von $\alpha_k = \langle x, e_k \rangle$ wird der Abstand minimiert.

Beim nächsten Satz wird folgende Tatsache verwendet:
Bildet $\{e_1, e_2, \ldots, e_n\}$ ein OS in einem Prähilbertraum V, so gilt für alle $x \in V$:

$$x - \sum_{k=1}^{n} \langle x, e_k \rangle \cdot e_k \ \perp \ \lin\{e_1, \ldots, e_n\},$$

denn

$$\left\langle x - \sum_{k=1}^{n} \langle x, e_k \rangle \cdot e_k, e_j \right\rangle = \langle x, e_j \rangle - \sum_{k=1}^{n} \langle x, e_k \rangle \cdot \langle e_k, e_j \rangle$$

$$= \langle x, e_j \rangle - \langle x, e_j \rangle = 0.$$

Satz (Gram-Schmidt):
Sei $\{x_k\}_{k \in M \subseteq \mathbb{N}}$ eine linear unabhängige Teilmenge eines Hilbertraums H. Dann existiert ein OS S mit $\overline{\lin S} = \overline{\lin\{x_k\}}$.

Beweisskizze:

$e_1 = x_1 / \|x_1\|$

$f_2 = x_2 - \langle x_2, e_1 \rangle \cdot e_1, \quad e_2 = f_2 / \|f_2\|$

$f_3 = x_3 - \sum_{k=1}^{2} \langle x_3, e_k \rangle \cdot e_k, \quad e_3 = f_3 / \|f_3\|$

....

Beispiele hierzu: Sei $H = L^2[-1,1]$. Es wird ein OS $\{e_1, e_2\}$ gesucht, so dass dessen lineare Hülle mit der von $\{1, x\}$ identisch ist.

$$P_i(x) := x^i$$

$$e_0(x) = \frac{P_0(x)}{\sqrt{\int_{-1}^{1} (P_0(x))^2 dx}} = 1/\sqrt{2}$$

$$f_1(x) = P_1(x) - \left(\int_{-1}^{1} P_1(x) \cdot e_0(x) dx \right) \cdot e_0(x)$$

$$e_1(x) = \frac{f_1(x)}{\sqrt{\int_{-1}^{1} (f_1(x))^2 dx}}$$

Mit $f_1(x) = x$ ergibt sich

$$e_1(x) = \sqrt{3/2} \cdot x .$$

Im Folgenden sei H immer ein Hilbertraum.

Bemerkung:

Vor dem Satz von Gram-Schmidt wurde gezeigt, dass wenn $S = \{e_k\}_{\in \mathbb{N}} \subseteq H$ ein OS ist, so gilt, dass für alle $x \in H$ $x - \sum_{k=1}^{\infty} < x, e_k > \cdot e_k$ orthogonal zu e_k für alle $k \in \mathbb{N}$ ist.

Hieraus folgt die Bessel'sche Ungleichung

$$\sum_{k=1}^{\infty} \left| < x, e_k > \right|^2 \leq \| x \|^2 .$$

Ist $\{e_k\}$ eine OB, so gilt das Gleichheitszeichen. Die Reihen konvergieren sogar unbedingt, d.h. unabhängig von der Reihenfolge, womit $\sum_{e \in S} \left| < x, e > \right|^2 \leq \| x \|^2$ gilt. Denn wenn

$$\left(x - \sum_{k=1}^{n} \langle x, e_k \rangle \cdot e_k \right) \perp \sum_{k=1}^{n} \langle x, e_k \rangle \cdot e_k$$

gilt, so folgt (Pythagoras)

$$\left\| x - \sum_{k=1}^{n} \langle x, e_k \rangle \cdot e_k + \sum_{k=1}^{n} \langle x, e_k \rangle \cdot e_k \right\|^2 = \left\| x - \sum_{k=1}^{n} \langle x, e_k \rangle \cdot e_k \right\|^2 + \left\| \sum_{k=1}^{n} \langle x, e_k \rangle \cdot e_k \right\|^2$$

und:

$$\| x \|^2 = \left\| x - \sum_{k=1}^{n} \langle x, e_k \rangle \cdot e_k \right\|^2 + \left\| \sum_{k=1}^{n} \langle x, e_k \rangle \cdot e_k \right\|^2$$

$$= \left\| x - \sum_{k=1}^{n} \langle x, e_k \rangle \cdot e_k \right\|^2 + \sum_{k=1}^{n} \left| \langle x, e_k \rangle \right|^2 \geq \sum_{k=1}^{n} \left| \langle x, e_k \rangle \right|^2$$

Satz:
Sei $S \subseteq H$ ein OS, dann gilt:

(1) $\displaystyle\sum_{e \in S} <x,e> \cdot e$ konvergiert unbedingt.

(2) P: $x \mapsto \displaystyle\sum_{e \in S} <x,e> \cdot e$ ist eine Orthogonalprojektion auf $\overline{\text{lin } S}$.

(3) Es existiert eine OB S', mit $S \subseteq S'$.

(4) Folgende Aussagen sind äquivalent:
    (a) S ist eine OB.
    (b) $x \in H$ und $x \perp S \Longrightarrow x = 0$
    (c) $H = \overline{\text{lin } S}$

    (d) $x = \displaystyle\sum_{e \in S} <x,e> \cdot e$

    (e) $\displaystyle\sum_{e \in S} \left| <x,e> \right|^2 = \| x \|^2$ (Parsevalsche Gleichung)

Bemerkungen:
    (1) H als Hilbertraum ist genau dann separabel[*], wenn alle (oder sogar nur eine) OBen von H abzählbar sind.
    (2) Sind S und T OBen von H, dann gilt $|S| = |T|$.

[*] Ein topologischer Raum heißt separabel, wenn er eine abzählbare, dichte Teilmenge besitzt. Der Raum der Polynome P[a,b] liegt z.B. dicht in C[a,b].

4 Fourieranalyse und Fouriertransformation

4.1 Fourieranalyse

Mit Hilfe der Fourieranalyse (Fourier, 1768-1830) kann man eine periodische Funktion f durch eine Reihe bestehend aus Sinus- und Kosinustermen darstellen. Es ist auch möglich, die Summanden der Reihe durch die komplexe Exponentialfunktion darzustellen, da $e^{i \cdot \varphi} = \cos \varphi + i \cdot \sin \varphi$ gilt. Falls man nur endlich viele Summanden verwendet, so kann man die Funktion f approximieren. Die Fourieranalyse wird oft zur Untersuchung von Signalen verwendet. Man kann dabei feststellen, welche Frequenzen bei einem Signal beteiligt sind. Bei der Berechnung der Koeffizienten der Reihe muss man nur eine Periode, z.B. [0,T] berücksichtigen. Durch die Periodizität der Reihe wird die Funktion f dann automatisch periodisch fortgesetzt. Wir beginnen mit der komplexen Darstellung der Reihe, d.h. mit der Exponentialdarstellung der Summanden. Dabei machen wir uns folgendes zu Nutze:

Die Menge $\{1/\sqrt{2\pi} \cdot e^{i \cdot k \cdot t}\}_{k \in \mathbb{Z}}$ stellt eine Orthonormalbasis in $L^2[0,2\pi]$ dar und allgemein stellt $\{1/\sqrt{T} \cdot e^{i \cdot k \cdot t \cdot 2\pi/T}\}_{k \in \mathbb{Z}}$ eine Orthonormalbasis (bzgl. des unten angegebenen Skalarprodukts) in $L^2[0,T]$ dar.

Wir zeigen, dass $\{1/\sqrt{T} \cdot e^{i \cdot k \cdot t \cdot 2\pi/T}\}_{k \in \mathbb{Z}}$ ein Orthonormalsystem ist:

$$\left\langle e^{i \cdot k \cdot \bullet \cdot 2\pi/T}/\sqrt{T}, e^{i \cdot m \cdot \bullet \cdot 2\pi/T}/\sqrt{T} \right\rangle = \frac{1}{T} \int_0^T \left(e^{i \cdot k \cdot t \cdot 2\pi/T} \cdot \overline{e^{i \cdot m \cdot t \cdot 2\pi/T}} \right) dt$$

$$= \frac{1}{T} \int_0^T \left(e^{i \cdot k \cdot t \cdot 2\pi/T} \cdot e^{-i \cdot m \cdot t \cdot 2\pi/T} \right) dt$$

$$= \frac{1}{T} \int_0^T e^{i \cdot (k-m) \cdot t \cdot 2\pi/T} dt \, .$$

Für k = m ergibt sich: $\dfrac{1}{T}\displaystyle\int_0^T e^0 dt = \dfrac{1}{T}\int_0^T 1 dt = 1$

Für k≠m ergibt sich: $\dfrac{1}{T}\displaystyle\int_0^T e^{i\cdot(k-m)\cdot t\cdot 2\pi/T} dt = \dfrac{T}{T\cdot i\cdot 2\pi(k-m)}\left(\underbrace{e^{i\cdot(k-m)\cdot 2\pi}}_{=1} - e^0\right) = 0$

Somit kann eine stetige Funktion f aus $L^2[0,T]$ wie folgt dargestellt werden:

$$f(t) = \frac{1}{\sqrt{T}}\sum_{k=-\infty}^{\infty} c_k e^{i\cdot\omega_0\cdot k\cdot t} \; ; \quad \omega_0 = \frac{2\pi}{T} \quad \text{mit}$$

$$c_k = \left\langle f, \frac{1}{\sqrt{T}} e^{i\cdot\omega_0\cdot k\cdot \bullet}\right\rangle = \frac{1}{\sqrt{T}}\int_0^T f(t)\cdot e^{-i\cdot\omega_0\cdot k\cdot t} dt \,.$$

Bei der Approximation von f durch f_n, wird nur die folgende Teilsumme berechnet:

$$f_n(t) = \frac{1}{\sqrt{T}}\sum_{k=-n}^{n} c_k e^{i\cdot\omega_0\cdot k\cdot t}$$

Bemerkungen:

(1) $g_k(t) = e^{i\cdot k\cdot t\cdot 2\pi/T}$ mit $k\in\mathbb{Z}$ sind Funktionen mit der Periode T.

(2) $\overline{e^{i\cdot\omega_0\cdot k\cdot t}} = e^{-i\cdot\omega_0\cdot k\cdot t}$. D.h. der Übergang zum konjugiert-komplexen entspricht graphisch einer Spiegelung an der reellen Achse.

(3) $e^{ikt} = \cos(kt) + i\cdot\sin(kt)$, $\quad e^{-ikt} = \cos(kt) - i\cdot\sin(kt)$ stellt für $t\in[0,2\pi)$ graphisch den Einheitskreis dar. Es folgt hieraus:

$$\cos(t) = \frac{1}{2}\left(e^{it} + e^{-it}\right) \text{ und } \sin(t) = \frac{1}{2i}\left(e^{it} - e^{-it}\right).$$

Entsprechend ergibt sich eine Darstellung der Fourierreihe aus Kosinus- und Sinustermen:

Aus (I) $e^{ikt} = \cos(kt) + i\cdot\sin(kt)$ folgt (II) $e^{-ikt} = \cos(kt) - i\cdot\sin(kt)$ und damit

$$\cos(t) = \frac{1}{2}\left(e^{it} + e^{-it}\right) \text{ (über die Addition von (I) und (II)) und}$$

$$\sin(t) = \frac{1}{2i}\left(e^{it} - e^{-it}\right) \text{ (über die Subtraktion von (I) und (II)).}$$

Damit gilt (wir zeigen dies für $T = 2\pi$, es gilt aber auch für beliebige $T > 0$):

$$\sum_{k=-\infty}^{\infty} c_k e^{ikt} = c_0 + \sum_{k=1}^{\infty} c_k e^{ikt} + c_{-k} e^{-ikt}$$

$$= c_0 + \sum_{k=1}^{\infty} c_k\left(\cos(kt) + i\sin(kt)\right) + c_{-k}\left(\cos(kt) - i\sin(kt)\right)$$

$$= \underbrace{c_0}_{\substack{=a_0 \\ \text{da } \cos(0)=1}} + \sum_{k=1}^{\infty} \underbrace{(c_k + c_{-k})}_{=:a_k}\cos(kt) + \underbrace{i(c_k - c_{-k})}_{=:b_k}\sin(kt)$$

Falls f punktsymmetrisch zum Ursprung ist, dann gilt $a_k = c_k + c_{-k} = 0$, womit $c_k = -c_{-k}$ gilt. Ist f achsensymmetrisch zur y-Achse, dann gilt $b_k = c_k - c_{-k} = 0$ und somit $c_k = c_{-k}$.

Da

$$c_k = \left\langle f, \frac{1}{\sqrt{2\pi}}e^{i\cdot k\cdot\bullet}\right\rangle = \frac{1}{\sqrt{2\pi}}\int_0^{2\pi} f(t)\cdot e^{-i\cdot k\cdot t}dt$$

gilt, folgt für reellwertige Funktionen f

$$\overline{c_k} = \frac{1}{\sqrt{2\pi}}\overline{\int_0^{2\pi} f(t)\cdot e^{-i\cdot k\cdot t}dt} = \frac{1}{\sqrt{2\pi}}\int_0^{2\pi} f(t)\cdot\overline{e^{-i\cdot k\cdot t}}dt = \frac{1}{\sqrt{2\pi}}\int_0^{2\pi} f(t)\cdot e^{i\cdot k\cdot t}dt = c_{-k}$$

Damit haben reellwertige zur y-Achse symmetrisch Funktionen f reelle Fourierkoeffizienten c_k, denn hier gilt $c_k = c_{-k} = \overline{c_k}$.

Die Fourierreihe in der Darstellung mit Sinus- und Kosinustermen hat dann folgende Gestallt:

$$a_0 + \sum_{k=1}^{\infty} a_k \sin(\omega_0 \cdot t \cdot k) + b_k \cos(\omega_0 \cdot t \cdot k) \; ; \quad \omega_0 = \frac{2\pi}{T}$$

(4) Vice versa gilt für die Fourierkoeffizienten c_k:

$$a_0 + \sum_{k=1}^{\infty} a_k \cos(kt) + b_k \sin(kt) = a_0 + \sum_{k=1}^{\infty} \frac{a_k}{2}\left(e^{ikt} + e^{-ikt}\right) + \frac{b_k}{2i}\left(e^{ikt} - e^{-ikt}\right)$$

$$= \underbrace{a_0}_{=c_0} + \sum_{k=1}^{\infty} e^{ikt}\underbrace{\left(\frac{a_k}{2} + \frac{b_k}{2i}\right)}_{=c_k} + e^{-ikt}\underbrace{\left(\frac{a_k}{2} - \frac{b_k}{2i}\right)}_{=c_{-k}}$$

also

$$c_k = \frac{1}{2}\left(a_k - ib_k\right) \quad da \quad \frac{1}{i} = -i$$

$$c_{-k} = \frac{1}{2}\left(a_k + ib_k\right)$$

Man sieht, wenn $a_k, b_k \in \mathbb{R}$, dann folgt $c_{-k} = \overline{c_k}$.

(5) $\lim\limits_{|k| \to \infty} c_k = 0$ (Riemann-Lebesgue-Lemma)

In den folgenden Beispielen wollen wir periodische Funktionen approximieren. Dazu bestimmen wir jeweils, wie oben beschrieben, die Approximationsfunktion f_n, d.h., es werden nur $2n+1$ Summanden der Fourierreihe bei der Exponentialdarstellung bzw. n Summanden (und a_0) bei der Darstellung mit Sinus-/Kosinustermen berechnet. Diese Summe stellt ein trigonometrisches Polynom dar. Die Länge der Periode ist gleich T. Falls die zu approximierende Funktion f stetig ist, so konvergiert f_n auf dem Intervall [0,T] gleichmäßig gegen f. Ist f nicht stetig und es gilt aber, dass die periodische Funktion f innerhalb einer Periode [0,T] höchstens endlich viele Sprünge aufweist und dass es somit eine Zerlegung dieser Periode in endlich viele Teilintervalle gibt, auf denen die Funktion f stetig differenzierbar ist und die einseitigen Grenzwerte existieren, dann konvergiert f_n im quadratischen Mittel gegen f, d.h. $\lim_{n \to \infty} \left\| f - f_n \right\|_{L^2[0,T]} = 0$.

Dabei ist $\| \, . \, \|_{L^2[0,T]}$ die Norm, die man über das von uns definierte Skalarprodukt auf $L^2[0,T]$ definieren kann.

Unten sehen Sie den Grafen einer periodischen Funktion f und deren Approximationsfunktion f_n:

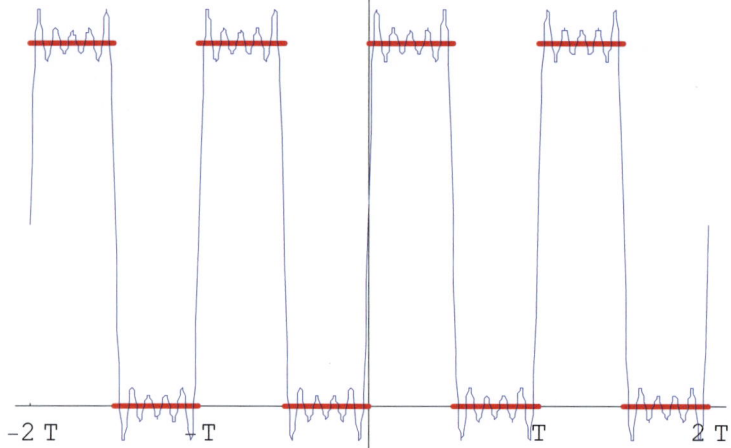

Beispiel:
Wir betrachten die folgende Funktion (σ ist der „Einheitssprung").

$$f(t) = \sigma(t + 1/2) - \sigma(t - 1/2) + \sigma(t - 3/2) - \sigma(t - 5/2)$$

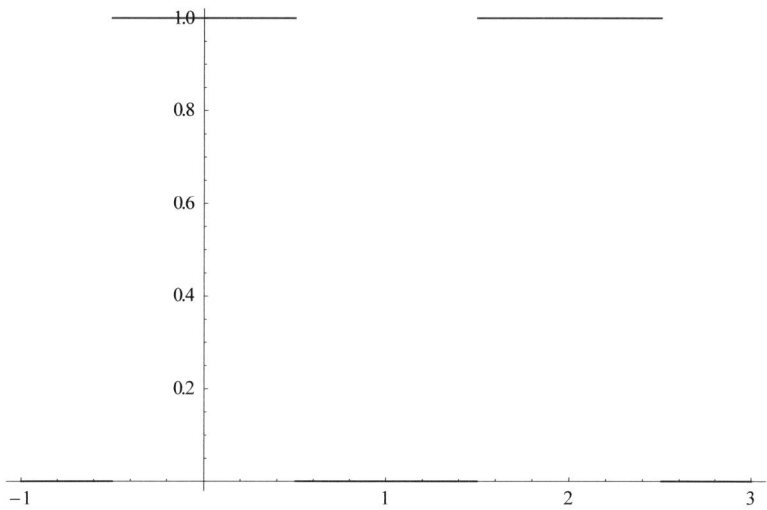

Wir legen nun die Länge T = 2 der Periode fest und setzen n = 10. Wir können auch über den Bereich [-T/2; T/2], der eine Periode umfasst, integrieren:

$$c_k = \left\langle f, \frac{1}{\sqrt{T}} e^{i \cdot \omega_0 \cdot k \cdot \bullet} \right\rangle = \frac{1}{\sqrt{T}} \int\limits_{-T/2}^{T/2} f(t) \cdot e^{-i \cdot \omega_0 \cdot k \cdot t} dt$$

Wir erhalten n = 10 und erhalten:

$$f_{10}(t) = \frac{1}{2} + \frac{e^{-i\pi t}}{\pi} + \frac{e^{i\pi t}}{\pi} - \frac{e^{-3i\pi t}}{3\pi} - \frac{e^{3i\pi t}}{3\pi} \pm \ldots + \frac{e^{-9i\pi t}}{9\pi} + \frac{e^{9i\pi t}}{9\pi}$$
$$= \frac{1}{2} + \frac{2\cos(\pi t)}{\pi} - \frac{2\cos(3\pi t)}{3\pi} \pm \ldots + \frac{2\cos(9\pi t)}{9\pi}$$

Wie zu sehen sein wird, sind n Summanden gleich Null. Dies liegt daran,
dass die Funktion, die wir in eine Fourierreihe entwickeln, symmetrisch zur
y-Achse ist.

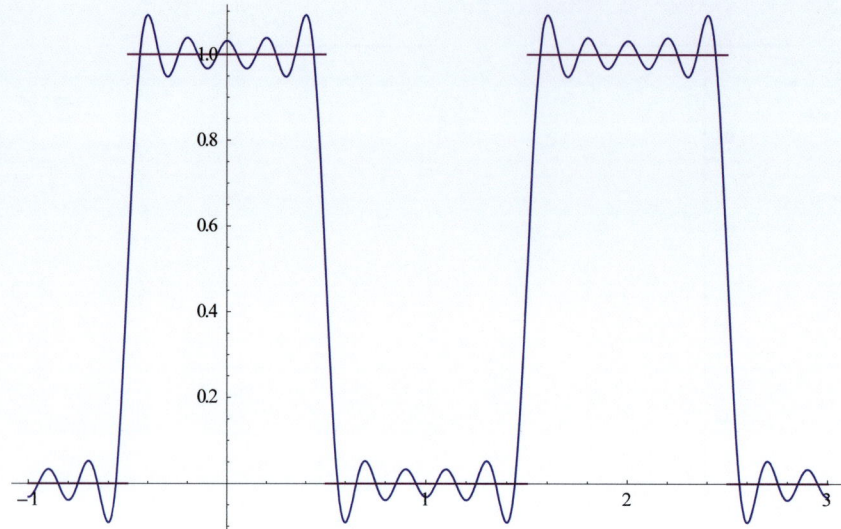

Da man oben die Bildungsvorschrift für die Reihe erkennt, kann man, ohne die Koeffizienten alle einzeln berechnen zu müssen, die Reihe wie unten definieren. Wir haben die Obergrenze auf 80 festgelegt, was einem n von 161 oder 162 entspricht. Danach sehen Sie das Schaubild zusammen mit dem Grafen von f. Wie man erkennen kann, gibt es an den Sprungstellen die größten Abweichungen von der Funktion f. Diese Überschwingung nennt man Gibbs Phänomen.

$$\frac{1}{2} + \sum_{k=0}^{80} (-1)^k \frac{2\cos((2k+1)\pi t)}{(2k+1)\pi}$$

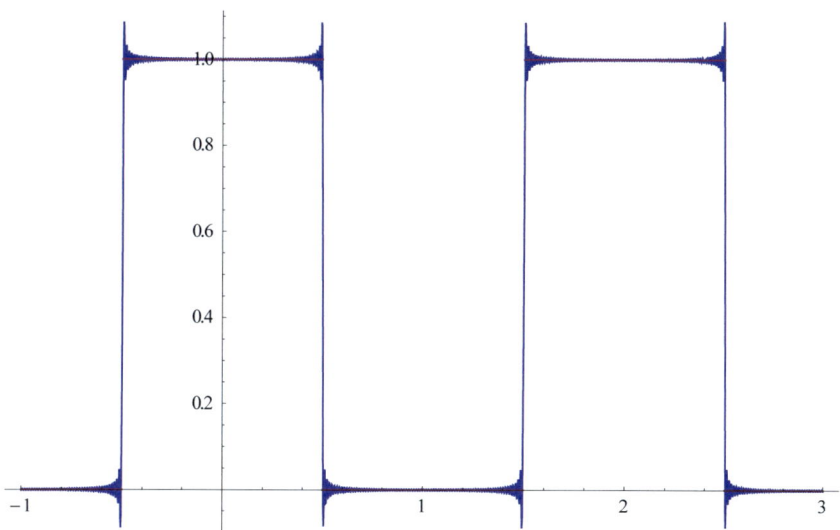

Bemerkungen:

(1) $\{|c_k|\}$ heißt das Betragsspektrum von f, $\{2|c_k|\}$ das Amplitudenspektrum von f und $\{\arg(c_k)\}$ das Phasenspektrum von f.

$$\sqrt{\frac{\sum\limits_{k=2}^{\infty}|c_k|^2}{\sum\limits_{k=1}^{\infty}|c_k|^2}} \quad \text{heißt Klirrfaktor von f.}$$

(2) Es gilt: Die Energie von f ist gegeben durch

$$\|f(t)\|_{L^2[0,T]} = <f,f> = \int\limits_0^T f(t)\cdot\overline{f(t)}\,dt = \sum\limits_{k=-\infty}^{\infty}|c_k|^2$$

(siehe Parsevalsche Gleichung in Kapitel 1).

4.2 Fouriertransformation
4.2.1 Das Fourierintegral

Die Fouriertransformation $\mathcal{F}$ ist eine so genannte Integraltransformation, die einer Funktion f (aus $L^1(\mathbb{R})$) eine Funktion F zuordnet: $\mathcal{F}: f \rightarrow F$. Es gilt die folgende Zuordnungsvorschrift:

$$\mathcal{F}\{f(t)\} = F(\omega) = \underbrace{\frac{1}{\sqrt{2\pi}} \int_{-\infty}^{\infty} e^{-i\cdot\omega\cdot t} f(t) dt}_{\text{Fourier int egral}}$$

Wir bezeichnen die Funktion F, genannt die Fouriertransformierte von f, auch bei griechischen Funktionssymbolen mit $\hat{f}$. Man findet in der Literatur zur Fouriertransformation das obere Integral mit verschiedenen Vorfaktoren. Wir haben hier $1/\sqrt{2\pi}$ aus Symmetriegründen gewählt, damit muss dieser Faktor auch bei der Zurücktransformation bzw. der inversen Fouriertransformation berücksichtigt werden (siehe unten).

Das zur Funktion f(t) die Fouriertransformierte $F(\omega)$ gehört, wird üblicherweise mit dem Dötsch Symbol - in Analogie zur Laplace-Transformation – veranschaulicht:

$$f(t) \; \begin{array}{c}\circ\!\!-\!\!\!-\!\!\bullet\end{array} \; F(\omega)$$

Zurücktransformiert wird wie folgt:

$$\mathcal{F}^{-1}\{F(\omega)\} = \frac{1}{\sqrt{2\pi}} \int_{-\infty}^{\infty} e^{i\cdot\omega\cdot t} F(\omega) d\omega$$

Damit sich eine fouriertransformierte Funktion zurücktransformieren lässt, muss man $f \in L^2(\mathbb{R})$ fordern. <u>Achtung:</u> $f(t) = \mathcal{F}^{-1}\{F(\omega)\}$ gilt nur für stetige Funktionen (genau genommen ist in $L^2(\mathbb{R})$ $\mathcal{F}^{-1}\{F(\omega)\}$ in derselben Äquivalenzklasse wie f), denn sonst kann die Zurücktransformierte an abzählbar vielen Stellen von f abweichen. Falls f aus dem Schwartzraum (siehe [7] oder [19]) ist, so ist die Fouriertransformation eine bijektive Abbildung.

Für die Fouriertransformierte gilt: $\lim\limits_{|\omega|\to\infty} F(\omega) = 0$

Falls $f \in L^2([0,2\pi])$ und f außerhalb von $[0,2\pi]$ gleich Null ist, dann erhält man über die Fouriertransformierte von f die Koeffizienten für die c_k der Fourier-Reihe, denn

$$c_k = \left\langle f, e^{i\cdot\omega_0\cdot k\cdot\bullet} \right\rangle = \frac{1}{T}\int_0^T f(t)\cdot e^{-i\cdot\omega_0\cdot k\cdot t}dt = \frac{1}{\sqrt{2\pi}}\cdot\frac{1}{\sqrt{2\pi}}\int_0^{2\pi} f(t)\cdot e^{-i\cdot\omega_0\cdot k\cdot t}dt = \frac{1}{\sqrt{2\pi}}\cdot F(k)$$

, da $\omega_0 = \dfrac{2\pi}{2\pi}$.

Die Fouriertransformation wird in vielen Gebieten angewandt, z.B. in der Physik, Elektrotechnik, Statistik, zum Lösen von Differentialgleichungen und in der Digitaltechnologie. Wir wollen in den folgenden Beispielen die Fouriertransformierten einiger Funktionen bestimmen:

Wir beginnen mit der Transformation einer Funktion f, für die gilt $f(t) = 1$ für $t \in [-1,1)$ und sonst $f(t) = 0$:

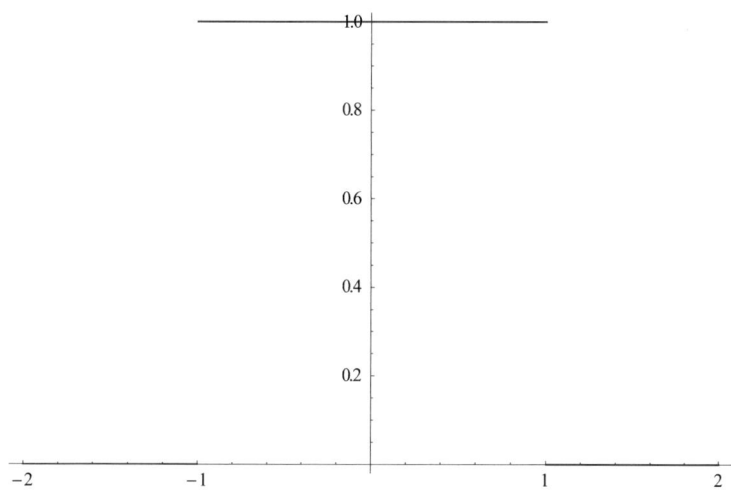

$$\mathcal{F}\{f(t)\} = F(\omega) =$$

$$\frac{1}{\sqrt{2\pi}} \int_{-\infty}^{\infty} e^{-i\cdot\omega\cdot t} f(t)dt = \frac{1}{\sqrt{2\pi}} \int_{-1}^{1} e^{-i\cdot\omega\cdot t} dt = \frac{1}{\sqrt{2\pi}} \frac{1}{i\omega} \left(e^{i\omega} - e^{-i\omega}\right) = \frac{2}{\sqrt{2\pi}} \frac{\sin(\omega)}{\omega} = \frac{\sqrt{2}}{\sqrt{\pi}} \frac{\sin(\omega)}{\omega}$$

Als nächstes möchten wir die Fouriertransformierte des sogenannten Dreieckimpulses, der wie folgt definiert ist, bestimmen:

$$f(t) = \begin{cases} 1/T \cdot (t+T) & \text{für } -T \le t < 0 \\ -1/T \cdot (t-T) & \text{für } 0 \le t < T \\ 0 & \text{sonst} \end{cases}$$

Es gilt:
$$\mathcal{F}\{f(t)\} = F(\omega) =$$

$$\frac{1}{\sqrt{2\pi}} \int_{-\infty}^{\infty} e^{-i\cdot\omega\cdot t} f(t)dt = \frac{1}{\sqrt{2\pi}} \left(\int_{-T}^{0} 1/T \cdot (t+T) e^{-i\cdot\omega\cdot t} dt + \int_{0}^{T} (-1)/T \cdot (t-T) e^{-i\cdot\omega\cdot t} dt \right)$$

$$= \frac{1}{\sqrt{2\pi}\, T\omega^2} \left(2 - e^{i\omega T} - e^{-i\omega T}\right) = \frac{2}{\sqrt{2\pi}\, T\omega^2} (1 - \cos(\omega T)) = \frac{4\sin^2(\omega T/2)}{\sqrt{2\pi}\, T\omega^2}$$

Wir zeichnen den Dreieckimpuls für T = 2:

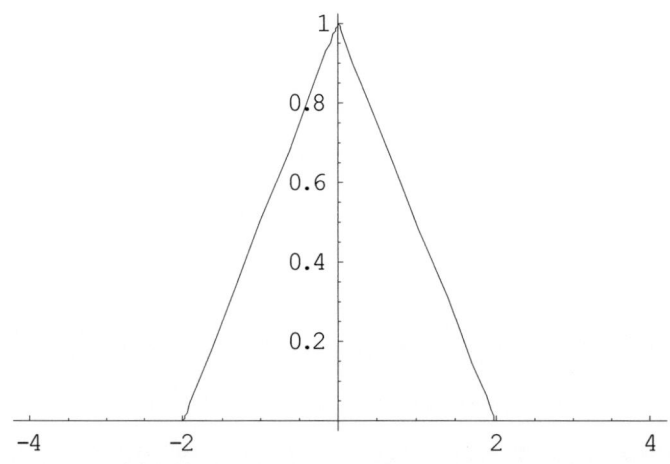

4.2.2 Sätze zur Fouriertransformation

Der **Linearitätssatz**:
Die Fouriertransformation ist eine lineare Operation. Vorauszusetzen ist dabei, dass das die Fourierintegral der Funktionen f und g existieren.

(a) $\mathcal{F}\{a\,f(t)\} = a\,\mathcal{F}\{f(t)\}$; $a \in \mathbb{R}$

(b) $\mathcal{F}\{f(t) + g(t)\} = \mathcal{F}\{f(t)\} + \mathcal{F}\{g(t)\}$

Der **Differenziationssatz**:
Falls das Fourierintegral von f existiert und falls $f(t), f'(t),\ f''(t),...,f^{(n-1)}(t)$ für $|t| \to \infty$ gegen 0 gehen, dann gilt:

$\mathcal{F}\{f^{(n)}(t)\} = (i\omega)^n\mathcal{F}\{f(t)\}$

Wir beweisen diese Gleichung für n = 1 (Fortsetzung über vollständige Induktion möglich):

$$\mathcal{F}\{f'(t)\} = \frac{1}{\sqrt{2\pi}} \int_{-\infty}^{\infty} f'(t) \cdot e^{-i\omega t}\,dt$$

$$= \underbrace{\frac{1}{\sqrt{2\pi}}\left[f(t) \cdot e^{-i\omega t}\right]_{-\infty}^{\infty}}_{=0} - \frac{1}{\sqrt{2\pi}} \int_{-\infty}^{\infty} -i \cdot \omega \cdot f(t) \cdot e^{-i\omega t}\,dt$$

$$= i \cdot \omega \cdot F(\omega)$$

Der **Multiplikationssatz**:
Falls das Fourierintegral von $t^n f(t)$ existiert, dann gilt:

$\mathcal{F}\{t^n f(t)\} = i^n(\mathcal{F}\{f(t)\})^{(n)} = i^n F^{(n)}(\omega)$

Wir beweisen diese Beziehung für n = 1:

$$F'(\omega) = \frac{1}{\sqrt{2\pi}} \frac{d}{d\omega} \int_{-\infty}^{\infty} f(t) \cdot e^{-i\omega t} dt = \frac{1}{\sqrt{2\pi}} \int_{-\infty}^{\infty} -i \cdot t \cdot f(t) \cdot e^{-i\omega t} dt$$

$$\Rightarrow i \cdot F'(\omega) = \mathcal{F}\{t \cdot f(t)\}$$

Bemerkung:

$$F(0) = \frac{1}{\sqrt{2\pi}} \int_{-\infty}^{\infty} f(t) \cdot e^{-i \cdot 0 \cdot t} dt = \frac{1}{\sqrt{2\pi}} \int_{-\infty}^{\infty} f(t) dt$$

Der **Faltungssatz**:

Vorausgesetzt wird: f_1 und f_2 müssen aus $L^2(\mathbb{R})$ sein und f(t) ⟜ $F(\omega)$
∧ g(t) ⟜ $G(\omega)$

Dann gilt: $\dfrac{1}{\sqrt{2\pi}} f*g(t) := \dfrac{1}{\sqrt{2\pi}} \displaystyle\int_{-\infty}^{\infty} f_1(\tau) f_2(t-\tau) d\tau$ ⟜ $F(\omega)G(\omega)$

Achtung: * ist kein Multiplikationszeichen sonder das Faltungssymbol.

Für den Faltungssatz führen wir im Folgenden den Beweis:

$$\int_{-\infty}^{\infty} f(\tau) g(t-\tau) d\tau = \int_{-\infty}^{\infty} \int_{-\infty}^{\infty} f(\tau) \frac{1}{\sqrt{2\pi}} G(\omega) e^{i\omega(t-\tau)} d\omega d\tau$$

$$= \int_{-\infty}^{\infty} G(\omega) e^{i\omega t} \underbrace{\frac{1}{\sqrt{2\pi}} \int_{-\infty}^{\infty} f(\tau) e^{-i\omega \tau} d\tau}_{= F(\omega)} d\omega$$

$$= \int_{-\infty}^{\infty} F(\omega) G(\omega) e^{i\omega t} d\omega = \mathcal{F}^{-1}\{F(\omega)G(\omega)\} \sqrt{2\pi}$$

Der **Dämpfungssatz**:

Das Fourierintegral von f muss existieren und a > 0, dann gilt:

$$f(a \cdot t + b) \quad \circ\!\!-\!\!\!-\!\!\bullet \quad 1/a \; e^{ib\omega/a} \; F(\omega/a)$$

Denn:

$$\mathcal{F}\{f(a \cdot t + b)\} = \frac{1}{\sqrt{2\pi}} \int_{-\infty}^{\infty} f(a \cdot t + b) \cdot e^{-i\omega t} dt$$

Substitution von s = a·t+b (womit t = (s – b)/a ist):

$$\mathcal{F}\{f(a \cdot t + b)\} = \frac{1}{\sqrt{2\pi}} \frac{1}{a} \int_{-\infty}^{\infty} f(s) \cdot e^{-i\omega(s-b)/a} ds$$

$$= \frac{1}{\sqrt{2\pi}} \frac{1}{a} e^{ib\omega/a} \int_{-\infty}^{\infty} f(s) \cdot e^{-i\omega s/a} ds = \frac{1}{a} e^{ib\omega/a} F(\omega/a)$$

Bemerkungen:

(1) $\left(\|f\|_{L^2} \right)^2 = \int_{-\infty}^{\infty} |f(t)|^2 \, dt$ ist die Energie eines Signals.

(2) Es gilt die Parseval Gleichung: $\int_{-\infty}^{\infty} |f(t)|^2 \, dt = \int_{-\infty}^{\infty} |F(\omega)|^2 \, d\omega$

4.3 Diskrete Fouriertransformation

Bei der diskreten Fouriertransformation geht man davon aus, dass man anstatt der periodischen Funktion f: $\mathbb{R} \rightarrow \mathbb{C}$ (mit der Periode $2L = T$) nur deren Funktionswerte $\{y_0, y_1, ..., y_{n-1}\}$ innerhalb einer Periode an n äquidistanten Stellen kennt. Es gilt dabei $y_k = f(k \cdot \Delta t)$ mit $k = 0,1,...,n-1$ und $\Delta t = T/n$.

Wir berechnen nun die Koeffizienten c_j der Fourierreihe (und verwenden hier zunächst den Faktor $1/T$, womit wir bei der Rücktransformation keinen Faktor benötigen):

$$c_j = \left\langle f, \frac{1}{T} e^{i \cdot j \cdot \bullet \cdot 2\pi/T} \right\rangle = \frac{1}{T} \int_0^T f(t) \cdot e^{-i \cdot j \cdot t \cdot 2\pi/T} dt$$

Nun nähern wir das obere Integral über die Riemannsche Summe an und erhalten:

$$c_j \approx d_j = \frac{1}{T} \sum_{k=0}^{n-1} f(k \cdot \Delta t) \cdot e^{-j \cdot k \cdot \Delta t \cdot i \cdot 2\pi/T} \cdot \Delta t$$

Bemerkung:

Dies gilt, da $\int_a^b f(t)dt \approx \Delta t \cdot \sum_{k=0}^{n-1} f(a+k \cdot \Delta t)$ mit $\Delta t = \dfrac{b-a}{n}$.

Mit $T = n \cdot \Delta t$ folgt:

$$d_j = \frac{1}{n} \sum_{k=0}^{n-1} y_k \cdot e^{-j \cdot k \cdot i \cdot 2\pi/n} \quad \text{mit} \quad j = 0, 1, ..., n-1.$$

Die Koeffizienten d_j heißen diskrete Fourierkoeffizienten.

Häufig findet man auch in der oberen Darstellung der diskreten Fourier-Koeffizienten anstatt des Faktors 1/n den Faktor $1/\sqrt{n}$:

$$d_j = \frac{1}{\sqrt{n}} \sum_{k=0}^{n-1} y_k \cdot e^{-j \cdot k \cdot i \cdot 2\pi/n} \quad \text{mit} \quad j = 0, 1, ..., n-1.$$

Hier wird dann auch bei der Rücktransformation der Faktor $1/\sqrt{n}$ verwendet:

$$y_k = \frac{1}{\sqrt{n}} \sum_{j=0}^{n-1} d_j \cdot e^{j \cdot k \cdot i \cdot 2\pi/n} \quad \text{mit} \quad k = 0, 1, ..., n-1.$$

Hinweis: Auf Grund der Periodizität der komplexen Exponentialfunktion gilt für die diskreten Fourier-Koeffizienten:

$$d_j = d_{j+k \cdot n} \quad \text{mit } k \in \mathbb{Z}.$$

Man kann also über die obere Annäherung durch die Riemannsche Summe höchstens n Koeffizienten c_j näherungsweise bestimmen. Ist beispielsweise n = 11, so gilt $d_{-5} \approx c_{-5}$, $d_{-4} \approx c_{-4}$, ..., $d_4 \approx c_4$, $d_5 \approx c_5$. Somit folgt aus der oberen Beziehung: $d_6 \approx c_{-5}$, $d_7 \approx c_{-4}$, ..., $d_{10} \approx c_{-1}$.

Beispiel:
Nun kommen wir zu einem weiteren Beispiel mit praktischem Bezug. Wir erzeugen eine Folge mit Hilfe von Funktionswerten, zu denen jeweils eine Zufallszahl (gleichverteilt auf [-0.1; 0,1]) addieren. Diese zufällige Komponente kann man als Messfehler (Rauschen) interpretieren. Dieses Rauschen wollen wir dann mit Hilfe der diskreten Fouriertransformation reduzieren.

$$y_k = \sin(2\pi/126 \cdot k) - 1/2 \cos(4 \cdot (2\pi/126 \cdot k) + 1/2) + e_k \quad \text{mit } k = 0, 1, ..., 125.$$

e_k sind auf dem Intervall [-0.1; 0,1] gleichverteilte Zufallszahlen.

Hier sind die Daten in einer graphischen Darstellung (Punkte wurden durch Linien verbunden) zu sehen:

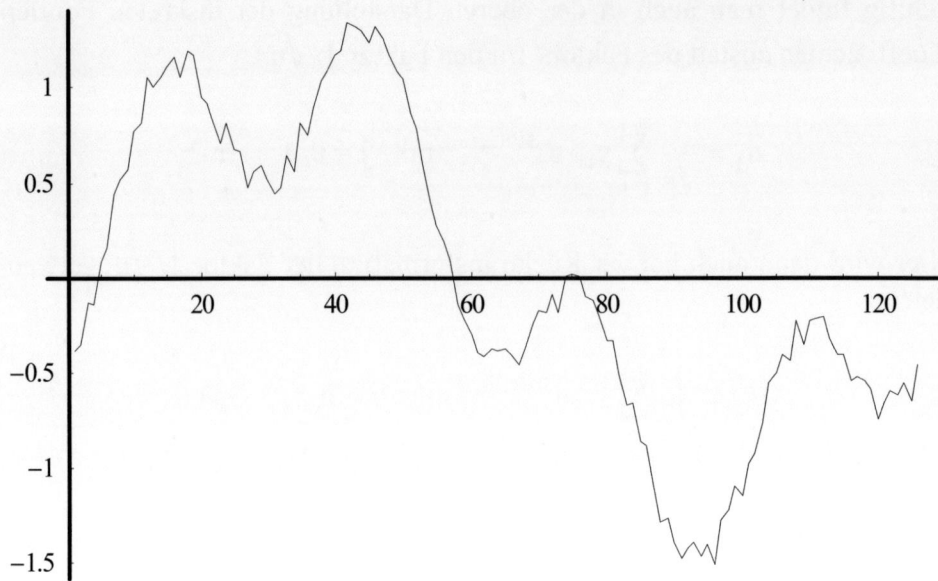

Im Folgenden wird das Betragsspektrum, d.h. die Beträge der diskreten Fourier-Koeffizienten, graphisch dargestellt.

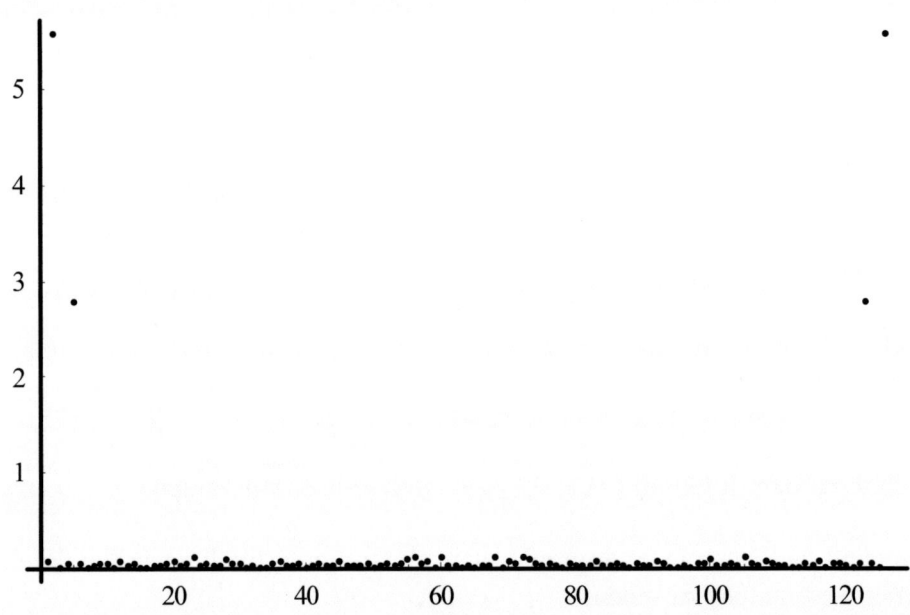

Setzt man alle diskreten Fourierkoeffizienten d_k auf Null, die kleiner als 0.25 sind und transformiert man danach zurück, dann ergibt sich das folgende Bild:

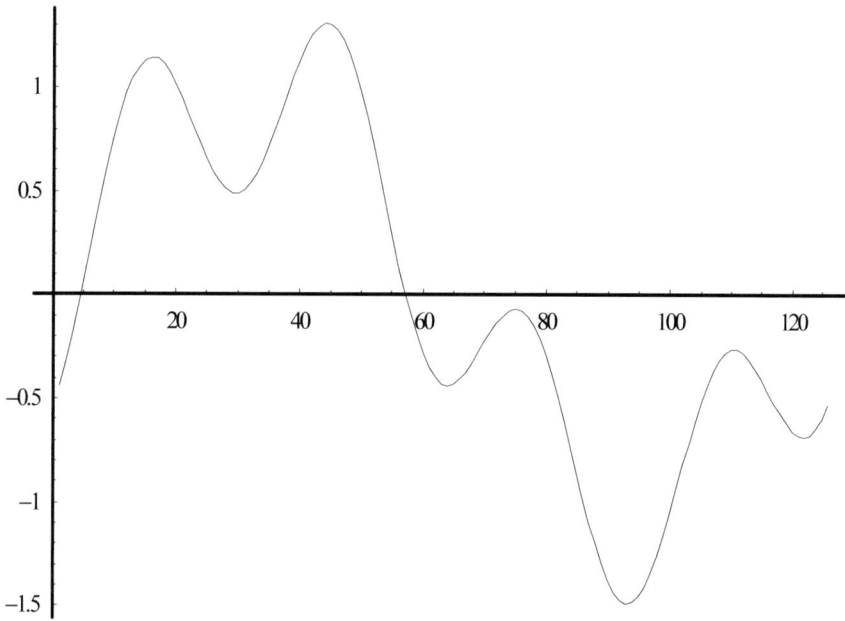

5 Wavelettransformation

Wavelets werden seit einigen Jahren in vielen Gebieten der Mathematik angewandt. Der Name „Wavelet" bedeutet „kleine Welle" oder „Wellenpaket". Die Ursprünge der Wavelets reichen zurück bis zum Anfang des 20. Jahrhunderts. 1910 wurde von Alfred Haar eine Basis aller auf [0; 1] stetigen Funktionen vorgestellt, die bereits auf einem Wavelet basiert, welches heute als das Haarwavelet bekannt ist. Das Haarwavelet werden wir später öfter verwenden.

M.J. Schauder entwickelte 1928 ebenfalls eine Basis aller auf [0; 1] stetigen Funktionen, die allerdings keine Orthogonalbasis darstellt. Deren Orthogonalisierung führt aber zu den Franklin Wavelets. Die theoretischen Grundlagen zu den Wavelets entstanden in den 80er Jahren. J.O. Strömberg entwickelte 1981 eine Orthonormalbasis des $L^2(\mathbb{R})$, die allgemeiner war als die von Haar und der Konstruktion einer Waveletbasis entsprach. Anfang der 90er Jahre wurde von Ingrid Daubechies die erste Familie von orthogonalen Wavelets mit kompaktem Träger entwickelt. Diese – nach ihr benannten Wavelets – stellen wir in einem extra Kapitel später vor.

Heute werden Wavelets in vielen Gebieten der Mathematik angewendet. Sei es zum Lösen von Differentialgleichungen, zur Approximation in der Numerik oder in vielen Bereichen der Statistik. Weitere bekannte Anwendungsbiete sind die Physik oder Bildverarbeitung. Hier wurden die Wavelets insbesondere durch die Bilddatenkompression bekannt. Mit der Wavelettransformation kann man hohe Kompressionsraten erzielen, was gerade bei der Datenübertragung - z.B. im Internet – wichtig ist.

Wavelets können, in Analogie zur Fourieranalyse und zur Fouriertransformation, zur Analyse von Zeitsignalen (das sind Funktionen f: $\mathbb{R} \to \mathbb{C}$, bei denen die unabhängige Variable die Bedeutung der Zeit hat) eingesetzt werden. Die Waveletanalyse stellt in gewissem Sinne eine Erweiterung der Fourier-Analyse dar. Mit der Fourier-Analyse können Frequenzänderungen über die Zeit nicht untersucht und behandelt werden. Auch die sogenannte „gefensterte" Fourier-Analyse kann diesen Missstand nicht vollständig beheben. Hierbei wird die im Signal enthaltene Frequenz ausschnittsweise berechnet. Der Nachteil dabei ist: je schmaler das Fenster wird, desto besser lassen sich zwar plötzliche Änderungen erfassen, desto unempfindlicher gegenüber niedrigen Frequenzen wird das Verfahren aber auch.

Dieses Problem kann nun mit der Waveletanalyse gelöst werden, bei der man Signale mit „Wellenfunktionen" gleichzeitig sowohl in der Zeit, als auch in der Frequenz untersuchen kann. Trotzdem stellen Wavelets keinen Ersatz für die Fourieranalyse dar. Beide Methoden können sich gegenseitig ergänzen. In diversen Bereich haben natürlich Wavelets ihre Vorteile, während es aber auch Probleme gibt, bei denen man die klassischen Methoden einsetzen sollte.

Ist zum Beispiel eine Funktion f zu untersuchen, die sich aus einer Linearkombination von Kosinus- und Sinustermen mit verschiedenen Frequenzen zusammensetzt, so stellt die Fourieranalyse an dieser Stelle ein besseres Werkzeug dar. Untersucht man dagegen Signale, die Sprünge (Unstetigkeitsstellen) oder Spitzen (nicht differenzierbare Stellen) aufweisen, so sind Wavelets das geeignetere Mittel, zumal man mit diesen den Gibbs Effekt unterdrücken kann. Außerdem benötigt man oft nur wenige Koeffizienten, um das Signal mit Wavelets gut beschreiben zu können. Mit Wavelets lassen sich auch physikalische Phänomene analysieren, die ein kompliziertes Verhalten in der Zeit oder in der Frequenz aufweisen, wie zum Beispiel eine Schockwelle.

5.1 Definition für Wavelets und Haar-Wavelet

Zunächst beginnen wir mit der Definition für Wavelets.

Definition:

ψ heißt Wavelet, falls die im Folgenden definierte Zulässigkeitsbedingung für die Fouriertransformierte $\hat{\psi}$ von ψ erfüllt ist:

$$(1)\ \psi \in L^2 \text{ und } \|\psi\| = 1$$

$$(2)\quad 0 < \underbrace{2\pi \int_{-\infty}^{\infty} \underbrace{\frac{|\hat{\psi}(\omega)|^2}{|\omega|}}_{:=C_\psi} d\omega} < \infty$$

Das Wavelet ψ wird auch Mutterwavelet genannt. Entsprechend gibt es auch eine Funktion ϕ, die Vaterwavelet oder auch Skalierungsfunktion genannt wird, wie Sie später sehen werden. Falls die Funktion ψ aus dem Raum $L^2(\mathbb{R})$ stammt, $\|\psi\| = 1$ gilt, ψ einen kompakten Träger besitzt (oder allgemein, falls $t \cdot \psi \in L^1$ gilt) und auf diesem Kompaktum auch Werte ungleich Null annimmt, so genügt es für diese Funktion ψ zu fordern, dass

$$\int_{-\infty}^{\infty} \psi(t)dt = 0 \quad \text{bzw.} \quad \hat{\psi}(0) = 0$$

gilt, damit ψ ein Wavelet ist. Das wohl einfachste Wavelet, mit dem wir nun arbeiten wollen, stellt das sogenannte Haar-Wavelet (nach Alfred Haar, 1885-1933) dar. Dieses Wavelet verwenden wir im Folgenden zur Darstellung der Theorie der Wavelettransformation und Multiskalenanalyse.

Das Haar-Wavelet ist eine Treppenfunktion, die definiert ist durch:

$$\psi(t) = \begin{cases} 1 & \text{für } 0 \le t < \dfrac{1}{2} \\[2mm] -1 & \text{für } \dfrac{1}{2} \le t < 1 \\[4mm] 0 & \text{sonst} \end{cases}$$

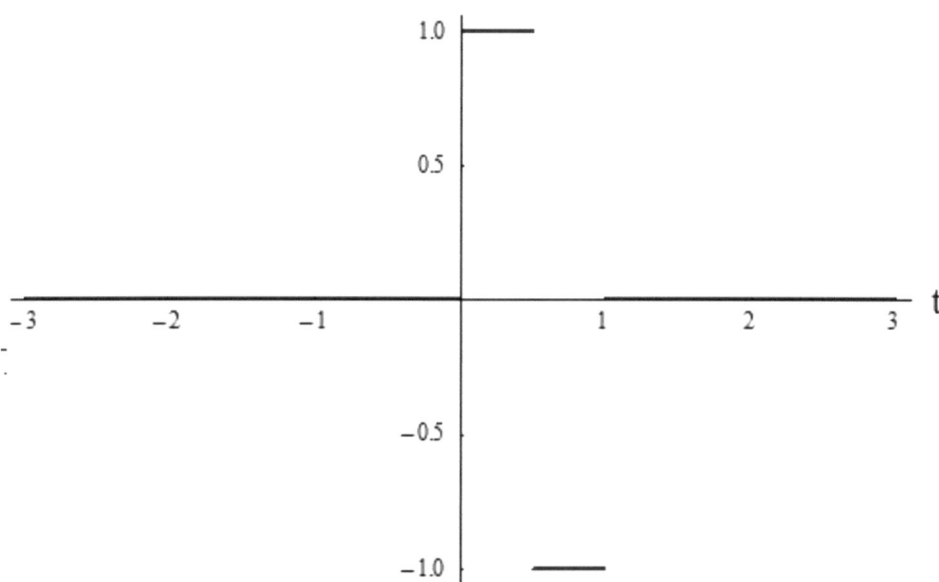

Da das Haar-Wavelet einen kompakten Träger besitzt (es nimmt nur auf dem Intervall [0; 1] auch von Null verschiedene Werte an) und die Bedingung $\int_{R} \psi(t)\,dt = 0$ erfüllt ist, ist ψ ein Wavelet ist.

Das Haar-Wavelet lässt sich durch Translation (Verschiebung) und Dilatation (Stauchung/Streckung) aus der folgenden Skalierungsfunktion ϕ zusammensetzen.

$$\phi(t) = \begin{cases} 1 & \text{für } 0 \le t < 1 \\ 0 & \text{sonst} \end{cases}$$

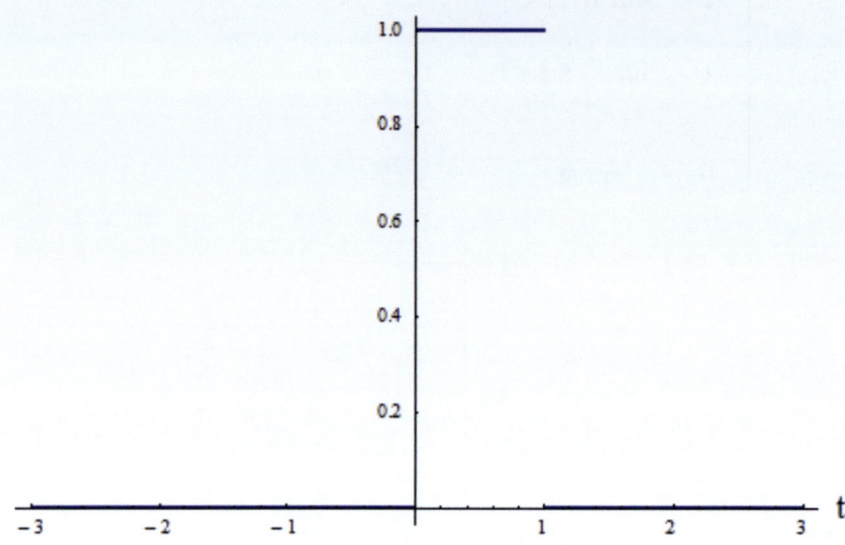

Wie sieht diese Skalierungsfunktion bei Verdoppelung des Arguments aus? Die Funktion ist jetzt nur im Intervall [0; 0,5) von Null verschieden. Die Breite des Trägers ist also halbiert worden (Dilatation).

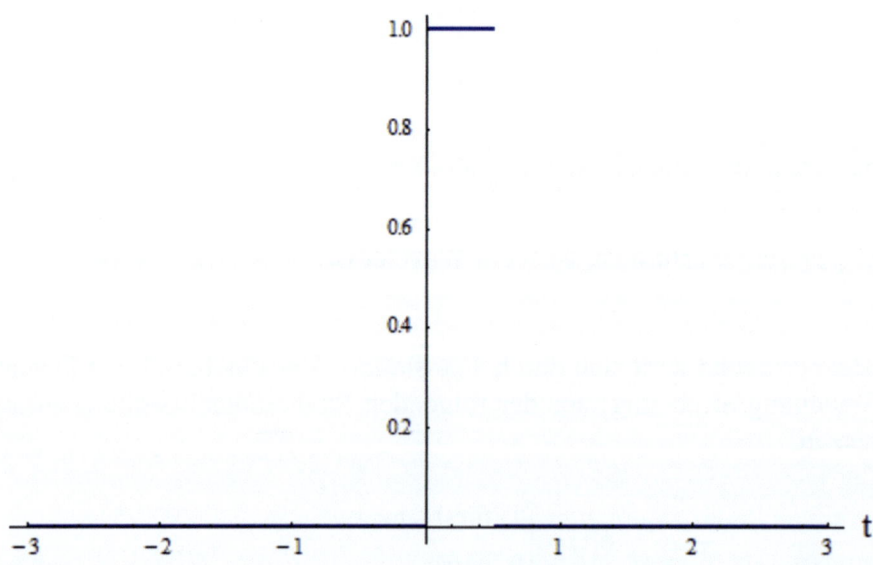

Analog könnte man die Funktion $\phi(t)$ nach rechts (k > 0) bzw. links (k < 0) verschieben durch $\phi(t-k)$ (Translation).

Skalierungsfunktionen werden oft auch als „Vaterwavelet" bezeichnet. Es gilt $\psi(t) = \phi(2t) - \phi(2t-1)$. Eine solche Darstellung von ψ aus einer Linearkombination der Funktionen $\phi(2t-k)$ (Waveletgleichung) ist von Zentraler Bedeutung, wie ein späterer Satz zeigt. Unter bestimmten Voraussetzungen an die Koeffizienten dieser Linearkombination erhält man durch Dilatation und Translation eines einzigen Wavelets ψ eine Basis des L^2.

5.2 Waveletfunktionen und Wavelettransformation

Wir wollen nun zunächst die Waveletfunktion und die Wavelettransformierte definieren.

Definition:

Ist $\psi: \mathbb{R} \to \mathbb{C}$ ein Wavelet (zum Beispiel das oben vorgestellte Haar-Wavelet), so nennen wir

$$\psi_{a,b}(t) := \frac{1}{|a|^{1/2}} \, \psi\left(\frac{t-b}{a}\right)$$

eine zu ψ gehörige Waveletfunktion.

Definition:

Es sei jetzt f eine Funktion aus dem Raum $L^2(\mathbb{R})$. Die Wavelettransformierte der Funktion f zum Wavelet ψ ist durch die folgende Abbildung $W_f : \mathbb{R}\backslash\{0\} \times \mathbb{R} \to \mathbb{C}$ definiert, die das Paar $(a,b) \in \mathbb{R}\backslash\{0\} \times \mathbb{R}$ auf das Element

$$W_f(a,b) = \langle f, \psi_{a,b} \rangle = \frac{1}{|a|^{1/2}} \int_{-\infty}^{\infty} f(t) \cdot \overline{\psi\left(\frac{t-b}{a}\right)} \, dt$$

abbildet.

Bemerkungen:

Oft wird $\mathbb{R}^+ \times \mathbb{R}$ als Definitionsbereich von W_f verwendet, da a der Dilatation dient und somit nur positive Werte für a benötigt werden. Die Waveletfunktion $\psi_{a,b}$ entsteht also durch Normierung, Dilatation und Translation mittels der reellen Parameter a≠0 und b aus dem Wavelet ψ. a wird Skalenparameter genannt, denn bei der Analyse von Funktionen f (aus $L^2(\mathbb{R})$) bzw. von Signalen mittels Wavelets liefern Werte von a mit |a|>>1 breite „Fenster" zur Untersuchung langwelliger Schwingungsanteile des Signals, und Skalenwerte mit |a|<<1 liefern schmale Fenster zur Untersuchung kurzwelliger bzw. hochfrequenter Schwingungsanteile. Der Faktor 1/a im Argument dient also der Dilatation; die Breite des Abfragemusters/-fensters wächst proportional zu |a|. Der Faktor $1/|a|^{1/2}$ dient der Normierung, damit $\langle \psi_{a,b}, \psi_{a,b} \rangle = 1$ gilt.

Unter geeigneten Voraussetzungen gilt die Umkehrformel

$$f(t) = \frac{1}{C_\psi} \iint\limits_{M} W_f(a,b) \cdot \psi_{a,b}(t) \frac{da\,db}{|a|^2}$$

für f in dessen Stetigkeitsstellen, mit. Man benötigt sogar, unter bestimmten Voraussetzungen, nur diskrete Werte von $W_f(a,b)$, um f zu rekonstruieren, wie wir später noch sehen werden.

Aus der Cauchy-Schwarzschen Ungleichung folgt außerdem

$$\left| W_f(a,b) \right| = \left\langle f, \psi_{a,b} \right\rangle \leq \|f\| \cdot \|\psi_{a,b}\| = \|f\|.$$

Wir betrachten nun die Graphen von $\psi_{1,0}$ und $\psi_{2,2}$. Die erste Funktion ist das Haarwavelet und die zweite Funktion (mit a = 2 und b = 2) geht aus der ersten hervor durch Verschiebung (Translation) um zwei Einheiten nach rechts und Streckung (Dilatation). Zusätzlich hat die zweite Funktion durch den Normierungsfaktor $1/\sqrt{2}$ betragsmäßig kleine Funktionswerte. Die senkrechten Striche gehören nicht zu den Funktionen.

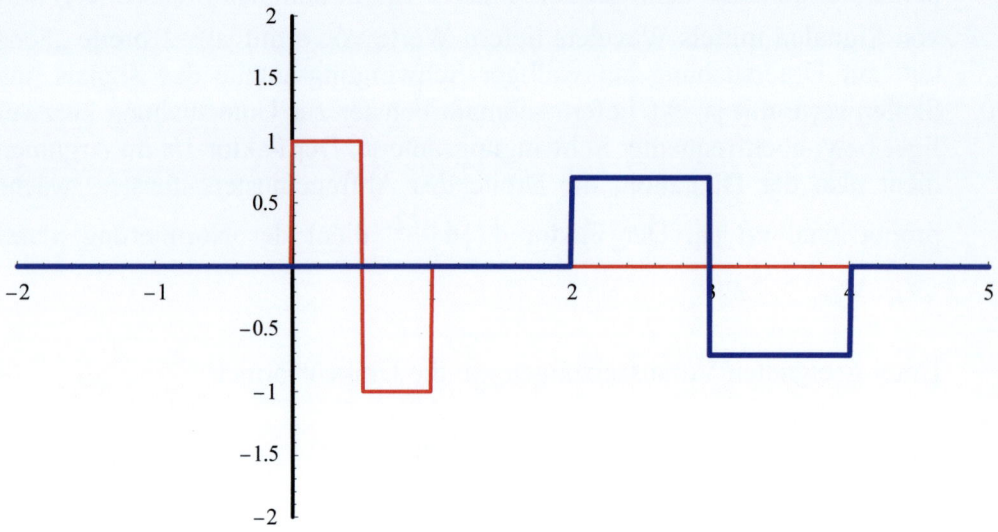

Im Folgenden verwenden wir nur positive Werte für a. Beim Haar-Wavelet vereinfacht sich nun die Gleichung zur Bestimmung der Wavelettransformierten W_f, da folgendes gilt:

$$\psi_{a,b}(t) = 0 \text{ für } t<b \text{ oder für } t \geq a+b$$

$$\psi_{a,b}(t) = \frac{1}{|a|^{\frac{1}{2}}} \text{ für } b \leq t < a/2+b$$

$$\psi_{a,b}(t) = -\frac{1}{|a|^{\frac{1}{2}}} \text{ für } a/2+b \leq t < a+b$$

Aus unserer oben schon beschriebenen Formel zur Bestimmung der Wavelettransformierten von f

$$W_f(a,b) = \langle f, \psi_{a,b} \rangle = \frac{1}{|a|^{1/2}} \int_{-\infty}^{\infty} f(t) \cdot \overline{\psi\left(\frac{t-b}{a}\right)} dt$$

wird in diesem Fall die nun folgende Formel:

$$W_f(a,b) = \frac{1}{\sqrt{a}} \left(\int\limits_{b}^{b+\frac{a}{2}} f(t)dt - \int\limits_{b+\frac{a}{2}}^{b+a} f(t)dt \right)$$

Da wir, wie beschrieben, nur positive a verwenden, haben wir auf die Verwendung des Betrags in der Formel verzichtet.

Wir wählen als **Beispiel** $f(t) = e^{-t^2}$ und berechnen $W_f(1,0)$:

$$W_f(1,0) = \int\limits_{0}^{\frac{1}{2}} e^{-t^2} dt - \int\limits_{\frac{1}{2}}^{1} e^{-t^2} dt \approx 0.175738$$

Was bedeutet nun dieser Wert anschaulich?

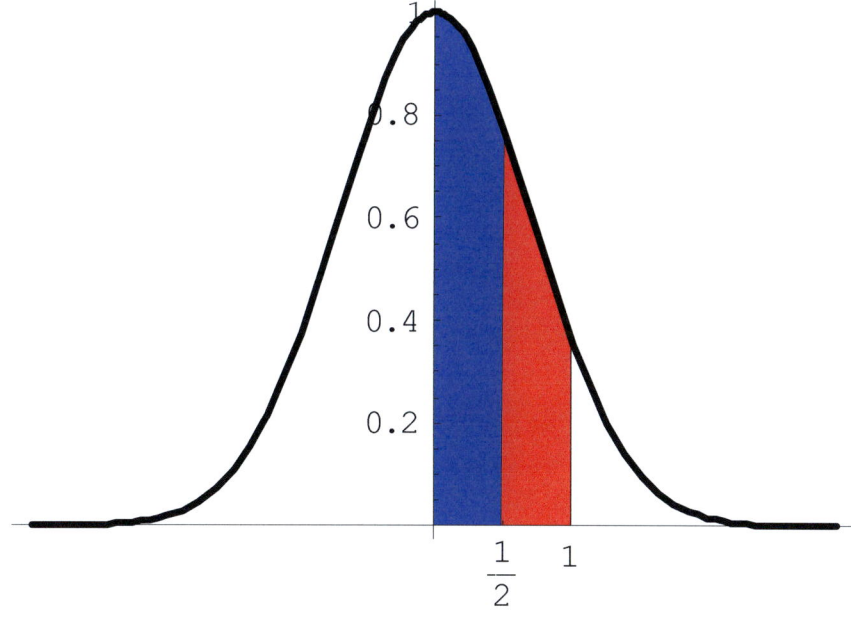

Wir erhalten mit der Wavelettransformierten $W_f(a,b)$ einer Funktion f zum Haarwavelet allgemein die Differenz der Integrale der Funktion f über dem

Intervall I_1= [b, b+a/2] und dem Intervall I_2=[b+a/2, b+a], multipliziert mit $1/\sqrt{a}$. Man kann somit mit der Wavelettransformierten von f zum Beispiel untersuchen, ob sich die Funktionswerte von f (im Mittel) in einem Bereich stark verändern, d.h. ob die Funktion f über dem Intervall I_1 im Vergleich zum Intervall I_2 im Mittel viel größere Funktionswerte oder viel kleinere Funktionswerte annimmt. Dies sieht man daran, dass die Wavelettransformierte W_f an der Stelle (a,b) relativ kleine oder relativ große Werte annimmt. Ist die Funktion f im Bereich $I = I_1 \cup I_2$ = [b, a+b] konstant, so ist die Wavelettransformierte zum Haarwavelet u.a. an der Stelle (a, b) gleich Null. Mit der Wahl des Wertes für a kann man dabei steuern, ob man mittlere Veränderungen in kleinen Bereichen oder in großen Bereichen untersuchen möchte. In unserem Beispiel erhalten wir also mit $W_f(1,0)$ die Differenz der Flächen zwischen der Kurve von f und der x-Achse über den Intervallen I_1=[0, 1/2] und I_2=[1/2, 1], da die Kurve von f nur oberhalb der x-Achse verläuft. Als nächstes zeichnen wir die Wavelettransformierte $W_f(a,b)$ für $0{,}1 \le a \le 4$; $-4 \le b \le 4$:

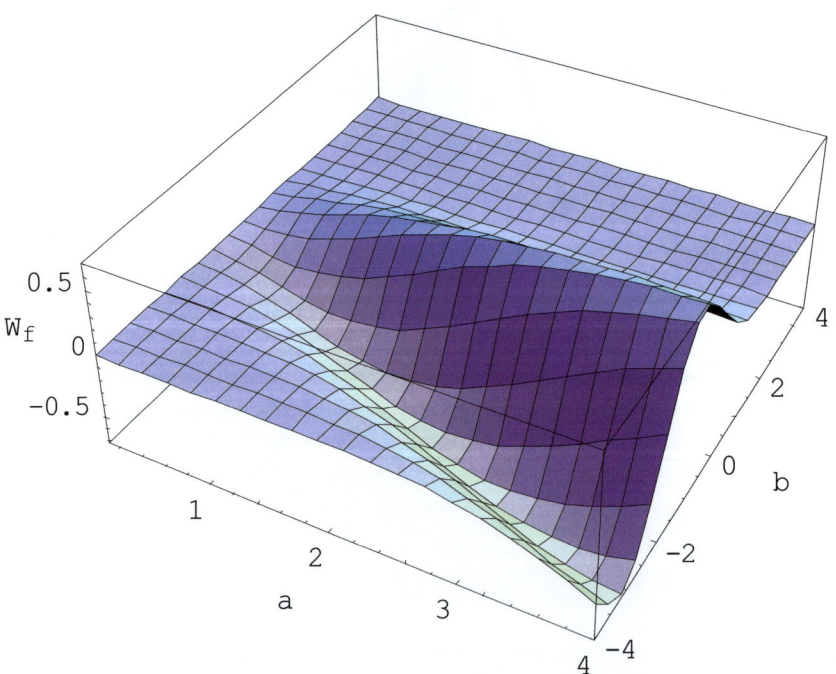

Wir zeichnen die Funktion W_f einmal für konstantes a und dann zweimal für konstante b. Wir beginnen mit $W_f(2,b)$:

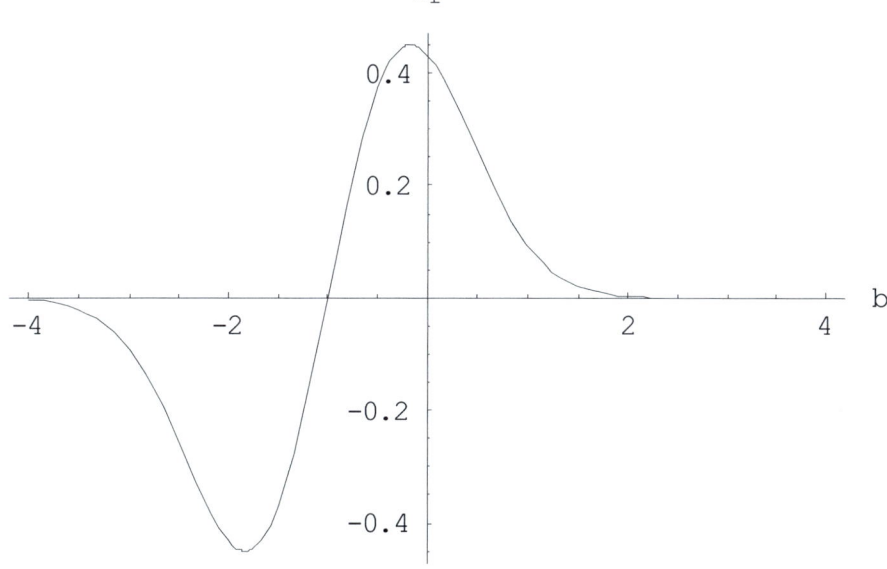

Es folgen die Graphen von $W_f(a,0)$ (in rot) und $W_f(a,-2)$ (in blau):

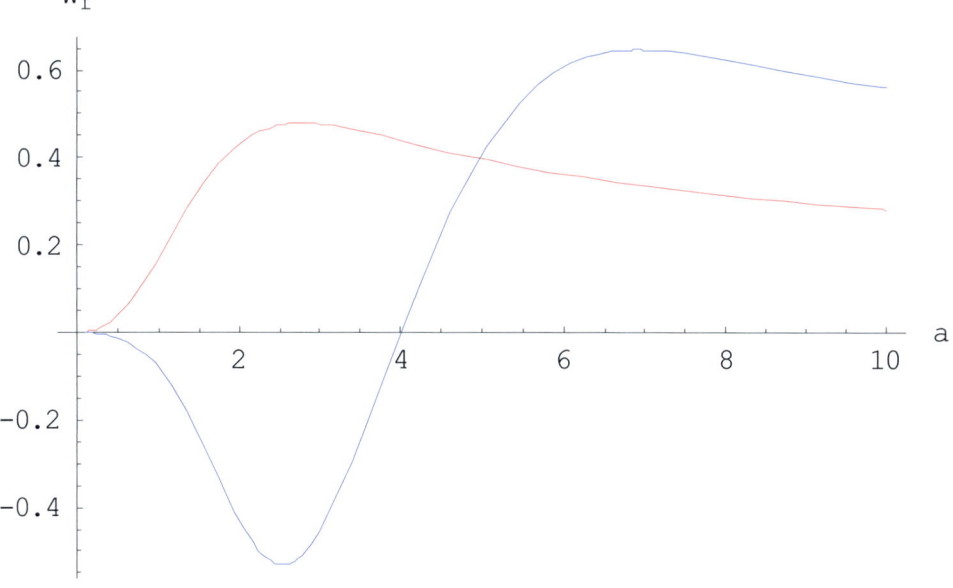

Wie oben zu sehen ist, hat $W_f(2,b)$ bei $b = -1$ eine Nullstelle, da f zur y-Achse symmetrisch ist und hier die Differenz zwischen den Integralen über den Intervallen $I_1 = [-1;0]$ und $I_2 = [0;1]$ gebildet wird.

Wir haben also gesehen, dass durch die Festlegung einer Skalierungsfunktion ϕ das Wavelet ψ definiert ist. Das Haar-Wavelet hat einen kompakten Träger. Dies ist eine bei praktischen Anwendungen wünschenswerte Eigenschaft von Wavelets. Dagegen haben Wavelets, wie zum Beispiel der Mexikanerhut, oder auch das Shannon-Wavelet, keinen kompakten Träger. Sie nähern sich jedoch schnell der x-Achse (bzw. t-Achse).

Außerdem gehört das Haarwavelet zu den sogenannten orthonormalen Wavelets. Man kann mit dieser Art von Wavelets, wie wir gleich sehen werden, durch ganzzahlige Translation und Dilatation eine Orthonormalbasis des $L^2(\mathbb{R})$ erzeugen. Allgemein müssen die Skalierungs- bzw. Waveletfunktionen nicht orthogonal sein (beispielsweise bei den B-Splines oder biorthogonalen Wavelets).

Bemerkung:

(1) Sei $M_k(\psi) = \int\limits_{-\infty}^{\infty} t^k \psi(t) dt$ für $t^k \psi(t) \in L^1$, dann hat das Wavelet ψ die Ordnung n, wenn $M_k(\psi)=0$ für $k = 0,1,\dots,n-1$ gilt und $M_n(\psi) \neq 0$. $M_k(\psi)=0$ ist äquivalent zu $\hat{\psi}^{(k)}(0) = 0$.

Die Ordnung ist relevant für das Abklingverhalten der Wavelettransformierten W_f. Siehe hierzu u. A. Satz 3.14 bei [2].

(2) Weitere bekannte Wavelets sind u.a. der Mexikaner-Hut $\psi(t) = \dfrac{2}{\sqrt{3}} \pi^{-1/4} (1 - t^2) \cdot e^{-t^2/2}$ oder die modulierte Gauß-Funktion $\psi(t) = (e^{i\omega t} - e^{-\omega^2/2}) \cdot e^{-t^2/2}$.

5.3 Multiskalenanalyse

Bei der Veranschaulichung gehen wir im Folgenden immer vom Haarwavelet und der zugehörigen Skalierungsfunktion $\phi(t) = \begin{cases} 1 & \textit{für } 0 \leq t < 1 \\ 0 & \textit{sonst} \end{cases}$ aus. Die Theorie gilt aber allgemein für beliebige orthogonale Wavelets. Die Funktionen $\phi(t-k)$ mit $k \in \mathbb{Z}$ bilden eine Orthonormalbasis aller auf $[k,k+1)$ stückweise konstanten und quadratisch integrablen Funktionen. Der von der Basis $\{\phi(t-k)\}_k$ erzeugte Raum wird mit V_0 bezeichnet. V_0 ist ein Unterraum von L^2. Allgemein muss V_0 nicht der Raum der auf $[k,k+1)$ stückweisen konstanten Funktionen sein. Dies ist hier der Fall, da wir zur Erklärung das oben definierte Vaterwavelet ϕ verwenden.

Man kann jede Funktion f aus V_0 wie unten zu sehen ist darstellen.

$$f(t) = \sum_k c_k \phi(t-k) \text{ mit}$$

$$c_k = \langle f(t), \phi(t-k) \rangle = \int_{-\infty}^{\infty} f(t) \cdot \phi(t-k) dt = \int_k^{k+1} f(t) \cdot \phi(t-k) dt = \int_k^{k+1} f(t) dt \, .$$

Achtung: Da im Folgenden ϕ bzw. ψ eine reellwertig Funktion ist, verzichten wir auf das <u>komplex-konjugiert</u> Symbol, was natürlich bei komplexwertigen Skalierungs- bzw. Waveletfunktionen zu beachten ist, da, wie bereits im Kapitel 1 beschrieben, hier $\langle f,g \rangle = \int_{-\infty}^{\infty} f(t) \cdot \overline{g(t)} \, dt$ gilt. Bei Formeln, die Allgemeingültigkeit haben, werde ich das Symbol setzen.

Dies ist nun die im Kapitel 1.1 beschriebene Methode, um eine Funktion aus V_0 durch ein Orthonormalsystem (dieses Raumes V_0) darzustellen. Die Orthonormalität der Basis $\{\phi(t-k)\}_k$ ist bereits anschaulich klar:

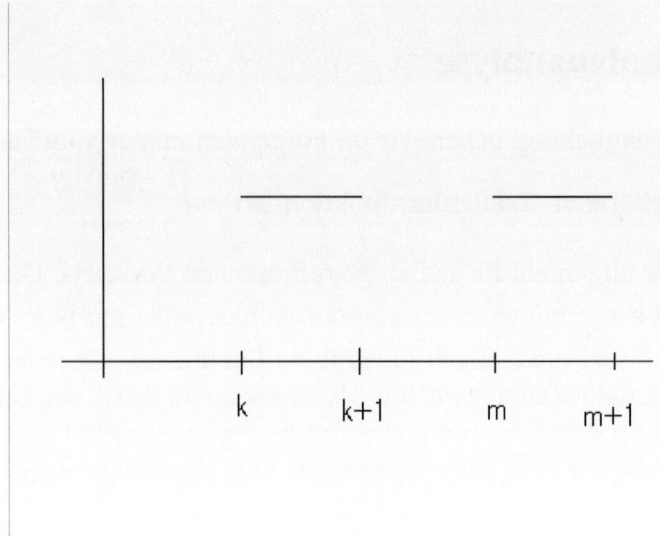

Somit gilt für das folgende Skalarprodukt:

$$\langle \phi(t-m), \phi(t-k) \rangle = \int_{-\infty}^{\infty} \phi(t-m) \cdot \phi(t-k) dt = \begin{cases} 1 & ; m = k \\ 0 & ; m \neq k \end{cases}$$

Wir haben zuvor schon gesehen, was Dilatation und Translation anschaulich bedeuten. Betrachtet man die Funktion $\phi(2t)$, so nimmt diese im Bereich $[0,1/2)$ den Funktionswert 1 und sonst den Funktionswert 0 an. Analog würde die Funktion $\phi(2^{-1}t)$ im Bereich $[0,2)$ den Funktionswert 1, sonst den Funktionswert 0 annehmen. Somit stellt $\{\phi(2t-k)\}_k$ ebenfalls ein Orthogonalsystem dar. Damit dieses System ein Orthonormalsystem wird, muss man den Faktor $\sqrt{2}$ verwenden. Eine Orthonormalbasis aller auf den Intervallen $[2^{-1}k, 2^{-1}(k+1))$ mit $k \in \mathbb{Z}$ stückweise konstanten Funktionen aus $L^2(\mathbb{R})$ wäre dann $\{\sqrt{2}\,\phi(2t-k)\}_k$. Diesen Raum bezeichnen wir mit V_1.

Kommen wir zu einem **Beispiel**. Dazu verwenden wir keine auf $[k,k+1)$ stückweise stetige Funktion f aus L^2, d.h. keine Funktion aus V_0, sondern die Funktion $f(t) = e^{-t^2}$ aus L^2. Man spricht in diesem Zusammenhang von der Projektion von f auf V_0. Diese Approximation bezeichnen wir mit f_0. Wir sagen: „Die Funktion f_0 approximiert die Funktion f mit der Auflösung j=0". Bei der Summation beschränken wir uns auf den Bereich k = -4,-3,...,2,3, da wir die Approximation nur in dem Bereich [-4,4) darstellen wollen und die Funktion f auch „schnell gegen Null" geht. Es gilt somit:

$$f_0(t) \approx \sum_{k=-4}^{3} c_k \phi(t-k) \quad \text{mit}$$

$$c_k = \int_{-\infty}^{\infty} f(t) \cdot \phi(t-k) dt = \int_{k}^{k+1} f(t) \cdot \phi(t-k) dt = \int_{k}^{k+1} e^{-t^2} dt = \langle f(t), \phi(t-k) \rangle$$

Es sei $f(t) = e^{-t^2}$. Nun wollen wir f durch eine Linearkombination f_0 der Basiselemente ϕ(t-k) (k∈$\mathbb{Z}$) des Raumes V_0 approximieren.

Wir zeichnen den Graphen der Funktion f zusammen mit ihrer Approximation f_0 (bei einer Auflösung j=0).

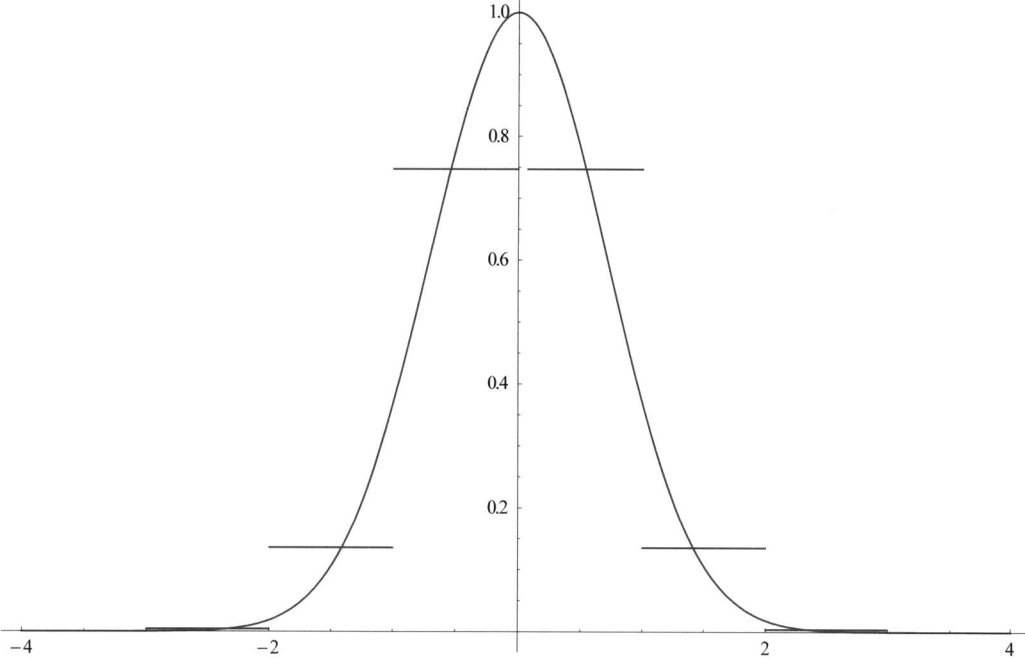

Analog kann f mit einer Funktion f_1 approximiert werden, wenn man die Basiselemente $\phi_{1,k}(t) := 2^{1/2}\phi(2t-k)$ von V_1 verwendet. Man erhält dann eine bessere Anpassung an f.

Unten ist die Approximationsfunktion $f_1 \in V_1$ von f, bzw. die Projektion von f auf V_1, zu sehen:

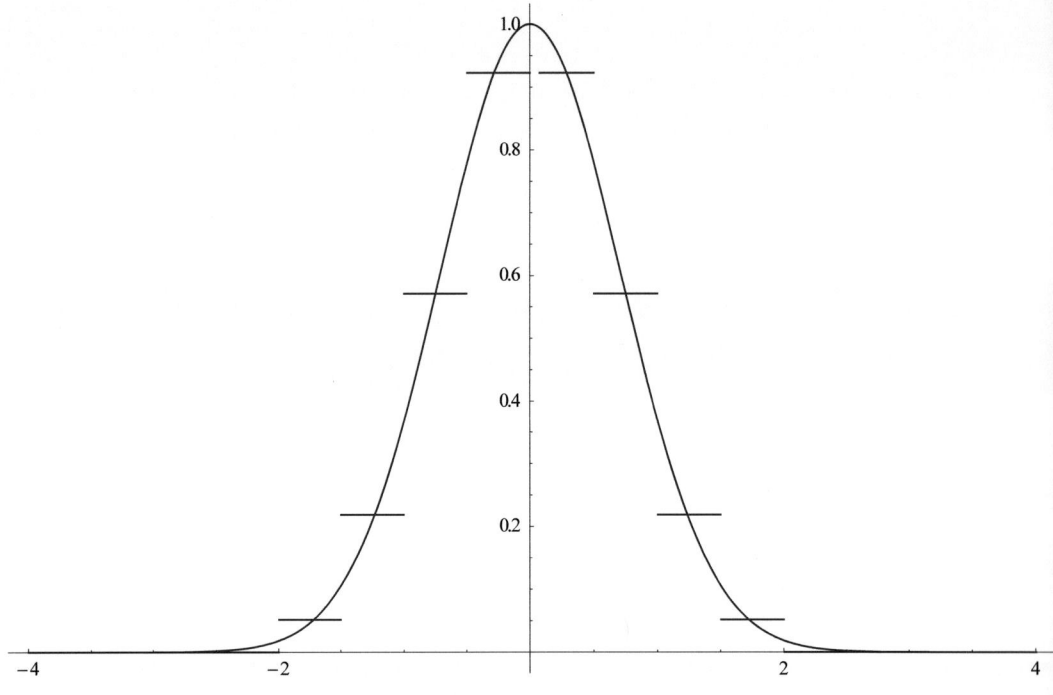

Hätten wir die Skalierungsfunktion des Shannon-Wavelets verwendet, dann würde hier die Approximation deutlich besser ausfallen, wie wir gleich sehen werden (wir haben aber die Skalierungsfunktion des Haar-Wavelets verwendet, da man hier genau sieht, welche „Details" hinzukommen).

Dies wollen wir nun verallgemeinern, so dass man f mit einer Funktion f_j zu einer beliebigen „Auflösung j" approximieren (f_j ist dann aus V_j) kann. So wie $\{\phi_{1,k}(t)=2^{1/2}\phi(2t-k)\}_{k\in\mathbb{Z}}$ eine Basis von V_1 ist, ist allgemein $\{\phi_{j,k}(t)=2^{j/2}\phi(2^j t-k)\}_{k\in\mathbb{Z}}$ eine Basis von V_j.

Unser Ziel ist es nun, wie Sie später bei der Fortführung dieses Beispiels sehen werden, von einer bestimmten Auflösung j auszugehen und durch Hinzunahme von Details die zu approximierende Funktion f immer besser anzupassen. Zur Bestimmung dieser Details wird die Waveletfunktion benötigt.

In diesem Beispiel haben wir anschaulich gesehen, wie man zunächst mit den ganzzahligen Translaten der Funktion $\phi(t)$, d.h. mit der Menge $\{\phi(t-k)\}$, mit $k\in\mathbb{Z}$, eine Orthonormalbasis von V_0 erhält. Mit einer Linearkombination der Basiselemente $\phi(t-k)$ haben wir dann eine Approximationsfunktion $f_0(t)$ bestimmt. Nun haben wir gesehen, dass man eine bessere Approximationsfunktion $f_1(t)$ der Funktion $f(t)$ dadurch erhält, indem man zunächst mit den ganzzahligen Translaten der Funktion $\phi(2t)$ eine Basis $\{\phi(2t-k)\}$ von V_1 erzeugt. Damit diese Basis eine Orthonormalbasis wird, benötigt man noch den Faktor $2^{1/2}$, und erhält mit $\{\phi_{1,k}(t)=2^{1/2}\phi(2t-k)\}$ (mit $k\in\mathbb{Z}$) eine Orthonormalbasis von V_1. Somit kann man durch Linearkombination der Basiselemente die Approximationsfunktion $f_1\in V_1$ für f konstruieren. f_1 stellt dann die Projektion von f auf den Raum V_1 dar.

Durch Translation und Dilatation eines einzigen Vaterwavelets ϕ kann also allgemein eine Orthonormalbasis $\{\phi_{j,k}(t)=2^{j/2}\phi(2^j t-k)\}_{k\in\mathbb{Z}}$ des Raumes V_j konstruiert werden. Eine Approximationsfunktion $f_j\in V_j$ mit $j\in\mathbb{Z}$, welche eine Funktion f aus L^2 mit steigendem Index j immer besser approximiert, erhält man dann wie folgt aus einer Linearkombination der Basiselemente $\phi_{j,k}(t)$:

$$f_j(t) = \sum_k f_k^j \phi_{j,k}(t) \text{ mit } f_k^j = \int_{-\infty}^{\infty} f(t) \cdot \overline{\phi_{j,k}(t)}dt$$

Wir können somit theoretisch Funktionen aus L^2 beliebig genau approximieren. Diese Vorgehensweise nennt man Multiskalenanalyse (MA, engl.: Multiresolution Analysis). Für das System von Unterräumen $\{V_j\}$ des Vektorraums L^2 muss $...V_{-1} \subset V_0 \subset V_1...$ gelten. Dies ist ebenfalls anschaulich klar, denn man kann z.B. eine Funktion aus V_0 durch Funktionen aus V_1 darstellen. Z.B. setzt sich $\phi(t) = \phi_{0,0}(t) \in V_0$ wie folgt aus den Funktionen $\phi(2t) \in V_1$ und $\phi(2t-1) \in V_1$ zusammen: $\phi(t) = \phi(2t) + \phi(2t-1)$.

Die abgeschlossen Hülle der Vereinigung all dieser Unterräume ergibt den Raum $L^2(\mathbb{R})$, d.h. es gilt $\overline{\bigcup_j V_j} = L^2(\mathbb{R})$.

Beispiel:

Wir führen nun eine Orthogonalprojektion von $f(t) = e^{-t^2}$ in V_0 und V_1 mit der Skalierungsfunktion des Shannon-Wavelets durch:

$$\phi(t) = \begin{cases} 1 & \text{falls } t=1 \\ \dfrac{\sin(\pi t)}{\pi t} & \text{sonst} \end{cases}$$

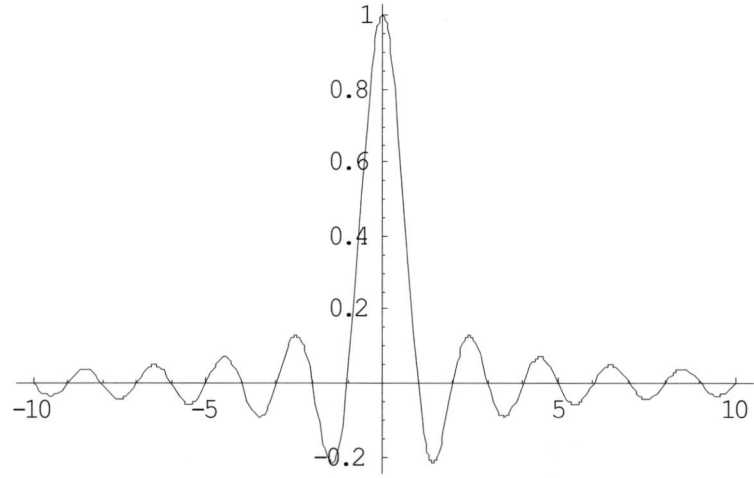

$$\psi(t)=\begin{cases} -1 & \text{falls } t=\dfrac{1}{2} \\[3mm] \dfrac{\sin\left(\pi\left(-\dfrac{1}{2}+t\right)\right)-\sin\left(2\pi\left(-\dfrac{1}{2}+t\right)\right)}{\pi\left(-\dfrac{1}{2}+t\right)} & \text{sonst} \end{cases}$$

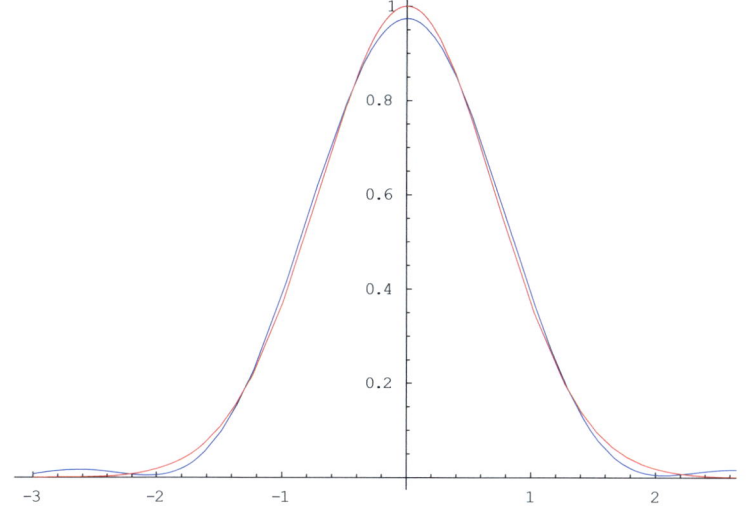

Hier ist der Graph von f und f_0 zu sehen:

Es folgt noch der Graph von f und f_1:

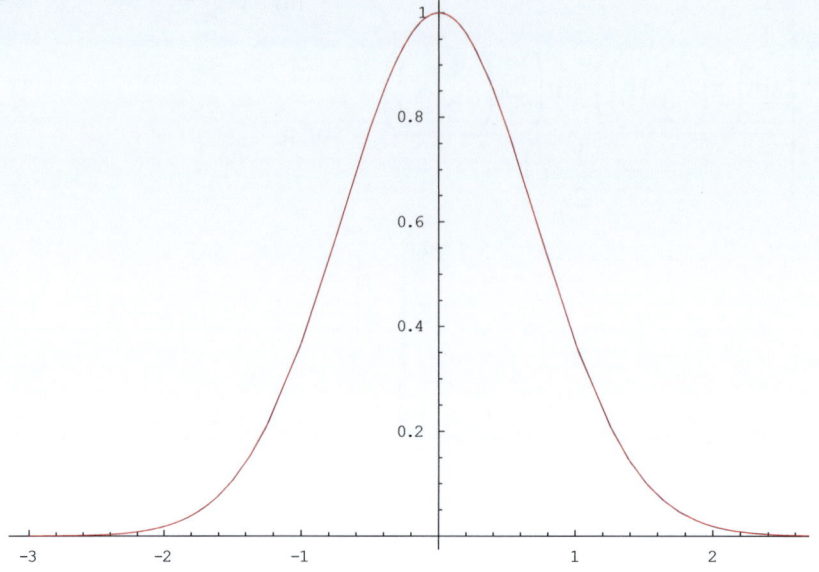

Nun haben wir die **Multiskalenanalyse (MSA)** mit Beispielen veranschaulicht. Formal werden an eine Multiskalenanalyse insgesamt 5 Bedingungen geknüpft. Eine Multiskalenanalyse von L^2 ist durch eine Folge $\{V_j\}$, $j \in \mathbb{Z}$, von abgeschlossenen Teilräumen des $L^2(\mathbb{R})$ gegeben, für die gilt:

(I) ... $\subset V_{-1} \subset V_0 \subset V_1 \subset ... \subset L^2(\mathbb{R})$

(II) $\cap_j V_j = \{0\}$, $\overline{\cup_j V_j} = L^2(\mathbb{R})$ (der Querstrich bezeichnet die abgeschlossene Hülle)

(III) $f(t) \in V_j \Leftrightarrow f(2t) \in V_{j+1}$

(IV) $f(t) \in V_0 \Longrightarrow f(t-k) \in V_0$

(V) Es existiert eine Funktion $\phi \in L^1 \cap L^2$, die sogenannte Skalierungsfunktion, so dass $\{\phi(t-k)\}$ eine orthonormale Basis von V_0 ist.

Bemerkung:

Aus (V) folgt $V_0 = \left\{ f \in L^2 \mid f(t) = \sum_k c_k \phi(t-k), \sum_k |c_k|^2 < \infty \right\}$.

Beweise der folgenden Sätze findet man u.a. in [2] und [10].

Satz:

Sei $\{\phi(t-k)\}$ eine orthonormale Basis von V_0 und es gelte $|\phi(t)| \leq C/(1+t^2)$, dann gilt:

(1) $\cap_j V_j = \{0\}$

(2) $\left| \int_{-\infty}^{\infty} \phi(t) \right| = 1$ bzw. $|\hat{\phi}(0)| = \dfrac{1}{\sqrt{2\pi}} \Leftrightarrow \overline{\bigcup_j V_j} = L^2(\mathbb{R})$

Satz:

(1) Es sei $\phi \in L^2$ ($\phi \neq 0$). Sei $V_0 = \left\{ f \in L^2 \mid f(t) = \sum_k c_k \phi(t-k), \sum_k |c_k|^2 < \infty \right\}$ und es gelte (III) der MSA. Dann gelten mit $V_0 \subset V_1$ alle Inklusionen (I) der MSA.

(2) $V_0 \subset V_1 \Leftrightarrow$ Es existieren h_k mit $\sum_k |h_k|^2 < \infty$, so dass

$\phi(t) = \sqrt{2} \sum_k h_k \phi(2t-k)$ (für fast alle t für Skalierungs<u>funktionen</u>).

Bemerkung:

Wegen $V_{-1} \subset V_0 \subset V_1 \ldots$ erhält man aber leider mit $\{\phi_{j,k}(t) = 2^{j/2}\phi(2^j t - k)\}_{k,j \in \mathbb{Z}}$ keine Orthonormalbasis des Raumes (des Raums $L^2(\mathbb{R})$), d.h. die Teilräume V_j lassen sich zu keiner Basis des L^2 zusammenfassen. Darum benötigt man zusätzlich ein System $\{W_j\}_{j \in \mathbb{Z}}$ von Teilräumen des L^2, die paarweise orthogonal sind, d.h. $W_j \perp W_k$ mit $j \neq k$. Wir definieren W_j so, dass gerade das W_j das orthogonale Komplement von V_j in V_{j+1} ist, womit $V_{j+1} = V_j \oplus W_j$ und $V_j \perp W_j$ gilt. W_j liefert somit die entsprechenden Details um von V_j zu V_{j+1} zu gelangen. Damit folgt analog zur MSA, dass $f(t) \in W_j \Leftrightarrow f(2t) \in W_{j+1}$ gilt.

Somit gilt (III) – (V) analog für W_j. $\{\psi(t-k)\}$ bildet für $k\epsilon\mathbb{Z}$ eine Orthonor-malbasis des Raumes W_0, $\{\sqrt{2}\,\psi(2t-k)\}_{k\epsilon\mathbb{Z}}$ bildet eine Orthonormalbasis von W_1 und allgemein $\{2^{j/2}\psi(2^j t-k)\}_{k\epsilon\mathbb{Z}}$ eine Orthonormalbasis von W_j. Au-ßerdem bildet $\{\psi_{j,k}(t)=2^{j/2}\psi(2^j t-k)\}_{k,j\epsilon\mathbb{Z}}$ zusätzlich eine Orthonormalbasis des $L^2(\mathbb{R})$, genannt die Waveletbasis. Der Faktor $2^{j/2}$ dient ebenfalls der Normie-rung.

Es sei also: $V_{j+1}=V_j \oplus W_j$ und $V_j \perp W_j$.

Damit gilt: $W_r \perp W_s$ für $r \neq s$, denn $W_{j+1} \perp V_{j+1} \Rightarrow W_{j+1} \perp V_j \oplus W_j$.

Satz:
Besitzen das System V_j die Eigenschaft (I) und (II) einer MSA, so sind die W_j paarweise orthogonal und es gilt:

$$L^2(\mathbb{R}) = \overline{\bigoplus_{j=-\infty}^{\infty} W_j}$$

Beweis siehe [2].

Beispiele:
Es folgt jeweils eine Grafik für $\psi_{1,1}$ und $\psi_{1,2}$ aus dem Raum W_1. Dabei ist zu sehen, dass diese orthogonal sind (das Integral über das Produkt der beiden Funktionen ist gleich Null, da das Produkt gleich Null ist). Außerdem ist W_r zu W_s orthogonal (falls $r\neq s$), womit die beiden Funktionen $\psi_{1,0}(t) \in W_1$ und $\psi_{2,0}(t) \in W_2$ (siehe dritten Grafik) orthogonal sind.

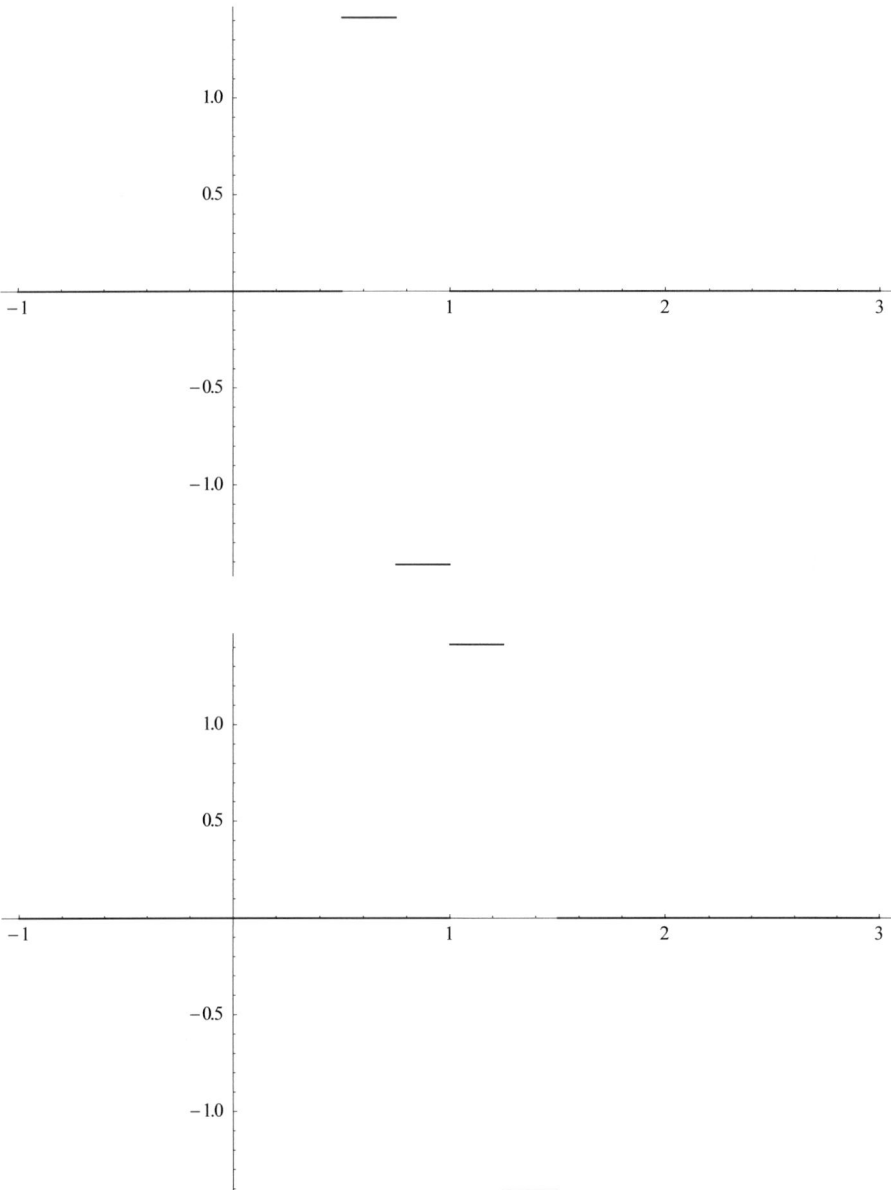

Nun noch mal in einer Grafik die Graphen von $\psi_{1,0}$ und $\psi_{2,0}$:

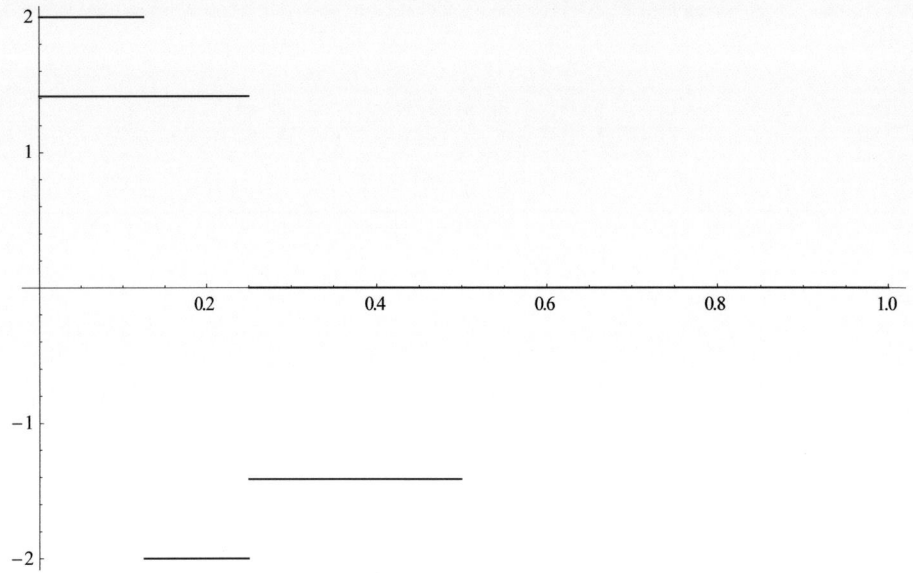

W_j ist das orthogonale Komplement von V_j in V_{j+1}, womit $V_{j+1} = V_j \oplus W_j$ gilt. Damit kann man Funktionen aus V_{j+1} (d.h. mit der „Auflösung" j+1) aus Funktionen aus V_j und W_j konstruieren. Vereinfachend gesagt gilt: In dem Raum W_j sind Funktion $\psi_{j,k}$ vorhanden, die die ergänzenden Details zu den Funktionen f_j aus V_j liefern, um die Funktionen f_{j+1} mit höherer Auflösung in V_{j+1} zu konstruieren. Somit existiert nun eine Funktion d_j aus W_j und eine Funktion f_j aus V_j, so dass gilt: $f_{j+1}(t) = f_j(t) + d_j(t)$ bzw. $d_j(t) = f_{j+1}(t) - f_j(t)$. Die Funktion d_j kann man analog der Funktion f_j wie folgt, bei gegebener Funktion f, berechnen:

$$d_j(t) = \sum_k d_k^j \psi_{j,k}(t) \text{ mit } d_k^j = \int_{-\infty}^{\infty} f(t) \cdot \overline{\psi_{j,k}(t)} dt$$

Wir bezeichnen diese Funktion mit „d_j", da die Funktion d_j die ergänzenden Details zu f_j enthält, um f_{j+1} zu bestimmen.

Es gilt somit beispielsweise: $f_1(t) = f_0(t) + d_0(t)$

$$f_1(t) = \sum_k f_k^0 \cdot \phi_{0,k}(t) + \sum_k d_k^0 \cdot \psi_{0,k}(t) = \sum_k f_k^0 \cdot \phi(t-k) + \sum_k d_k^0 \cdot \psi(t-k)$$

Analog kann man $f_2 \in V_2$ durch $f_0 \in V_0$, $d_0 \in W_0$ und $d_1 \in W_1$ erzeugen, da

$$V_2 = V_1 \oplus W_1 = V_0 \oplus W_0 \oplus W_1.$$

Somit gilt:

$$f_2(t) = f_1(t) + d_1(t) = f_0(t) + d_0(t) + d_1(t) = \sum_k f_k^0 \cdot \phi_{0,k}(t) + \sum_{j=0}^{1} \sum_k d_k^j \cdot \psi_{j,k}(t).$$

Hier ist der Graph von f und f_2 zu sehen:

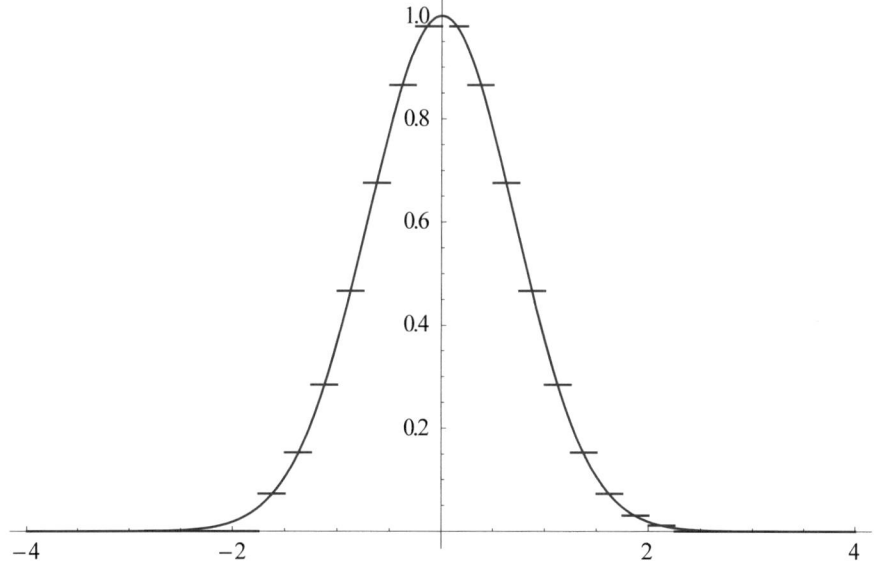

Jetzt kann man die Funktion f theoretisch mit jeder beliebigen Auflösung approximieren.

Allgemein gilt (für J ≥ 0):

$$f_J(t) = \sum_k f_k^0 \cdot \phi_{0,k}(t) + \sum_{j=0}^{J-1} \sum_k d_k^j \cdot \psi_{j,k}(t) = f_0(t) + \sum_{j=0}^{J-1} d_j(t),$$

$$V_J = V_0 \oplus \bigoplus_{j=0}^{J-1} W_j, \; V_J = \bigoplus_{j=-\infty}^{J-1} W_j \text{ und } L^2(\mathbb{R}) = \overline{\bigoplus_{j=-\infty}^{\infty} W_j} \; .$$

Diese Tatsache ist für die Datenkompression wichtig und wir werden darauf im Kapitel zur schnellen diskreten Wavelettransformation zurückgreifen.

Verwendet man zur Approximation anstelle des Haarwavelets z.B. das Daubechies Wavelet 6. Ordnung, so kann man mit f_1 die oben verwendete Funktion schon derart approximieren, dass man zwischen den beiden Schaubildern (also dem von f_1 und dem von f) fast keinen Unterschied mehr sieht, wie die untere Grafik, in der beide Schaubilder zusammen dargestellt sind, zeigt:

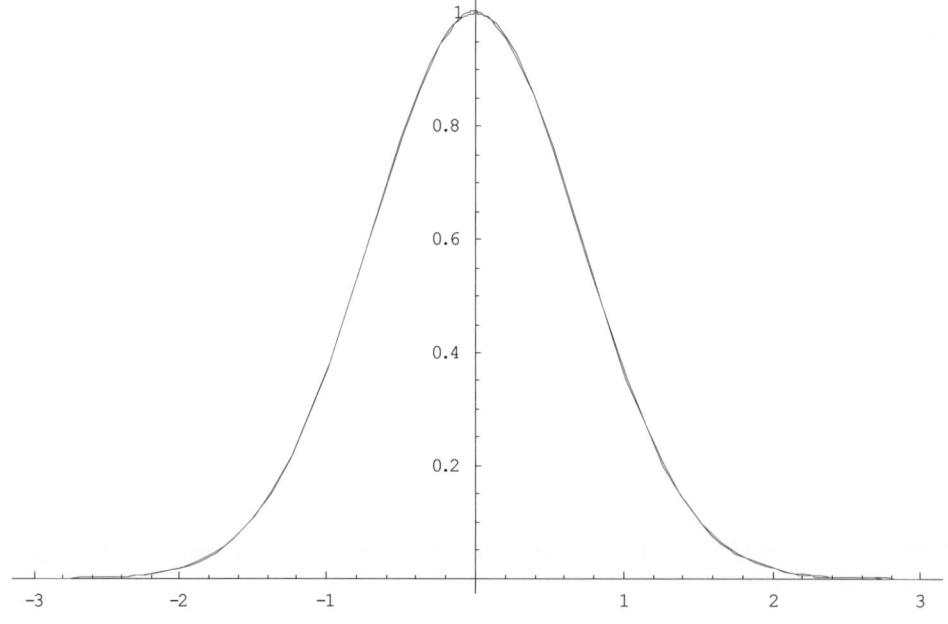

Bemerkung zur Berechnung der Detail-Koeffizienten über die Wavelettransformierte von f:

Die Detail-Koeffizienten d_k^j kann man direkt über die Wavelettransformierte von f bestimmen. Die Wavelettransformierte einer Funktion f, die den im vorhergehenden Kapitel beschrieben Voraussetzungen genügt, ist definiert durch:

$$W_f(a,b) = \langle f, \psi_{a,b} \rangle = \frac{1}{|a|^{1/2}} \int_{-\infty}^{\infty} f(t) \cdot \overline{\psi\left(\frac{t-b}{a}\right)} \, dt$$

Vergleicht man diese mit den Detail-Koeffizienten

$$d_k^j = \int_{-\infty}^{\infty} f(t) \cdot \overline{\psi_{j,k}(t)} \, dt = 2^{j/2} \cdot \int_{-\infty}^{\infty} f(t) \cdot \overline{\psi(2^j t - k)} \, dt \,,$$

so fällt auf, dass an die Stelle der reellen Variable a die diskrete Größe 2^{-j} tritt. a und j haben zudem eine entgegengesetzte Bedeutung, denn große Werte von a liefern „große Fenster", aber große Werte von j entsprechen einer hohen Auflösung, d.h. es werden mehr „Details" von f erfasst. Setzt man für a nun 2^{-j} und für $b = 2^{-j} \cdot k$, so ergeben sich die Detail-Koeffizienten:

$$d_k^j = W_f(2^{-j}, 2^{-j} \cdot k)$$

Was zuvor zur Wavelettransformierten gesagt wurde, lässt sich nun auf die Koeffizienten d_k^j übertragen. Starke (mittlere) Änderungen der Funktionswerte von f – im Bezug auf die „Auflösung j" bzw. in der Umgebung von $2^{-j}(k+1/2)$ mit der Breite 2^{-j} - lassen sich lassen sich an betragsmäßig großen Koeffizienten d_k^j erkennen. Dabei erkennt man mit großen Werten für j Veränderungen von f in großen Bereichen und mit kleinen Werten von j Veränderungen in kleinen Bereichen. Sind bestimmte Koeffizienten sehr klein, so können diese auch vernachlässigt bzw. auf Null gesetzt werden, ohne dass viel Information über f verloren geht, wie wir später noch sehen werden.

Wir wollen in einem weiteren Beispiel die Dopplerfunktion

$$f(t) = \sqrt{t(1-t)} \cdot \sin\left(\frac{2.1\pi}{t+0.05}\right)$$

im Intervall [0,1;1] approximieren. Diese eignet sich besonders gut, da sie, wenn t sich (von rechts) der Null nähert, immer stärker zu schwingen beginnt.

Mit dem Haar-Wavelet und der zugehörigen Skalierungsfunktion vereinfacht sich die Integration, da die Funktion $\phi_{j,k}(t)$ im Intervall $[2^{-j}k;\ 2^{-j}(k+1))$ gleich 1 und sonst 0 ist, während $\psi_{j,k}(t)$ im Intervall $[2^{-j}k;\ 2^{-j}(k+1/2))$ gleich 1, im Intervall $[2^{-j}(k+1/2);\ 2^{-j}(k+1))$ gleich -1und sonst 0 ist.

Es gilt: $f_k{}^j = 2^{j/2} \displaystyle\int_{2^{-j}k}^{2^{-j}(k+1)} f(t)dt$ und $d_k{}^j = 2^{j/2}\left(\displaystyle\int_{2^{-j}k}^{2^{-j}(k+1/2)} f(t)dt - \displaystyle\int_{2^{-j}(k+1/2)}^{2^{-j}(k+1)} f(t)dt\right).$

Es folgt der Graph von f und f_6:

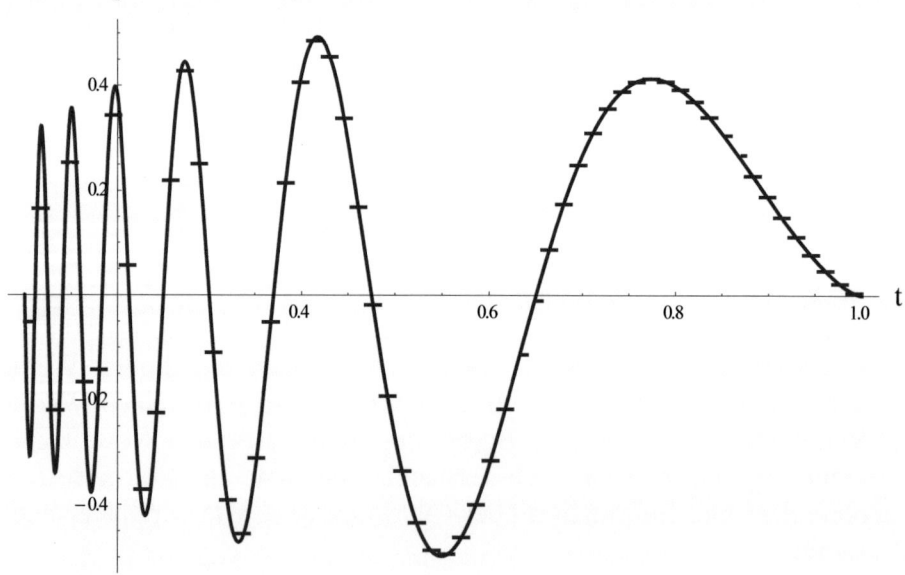

Es folgen noch die Graph von f und f_7 und die von f und f_{10}.

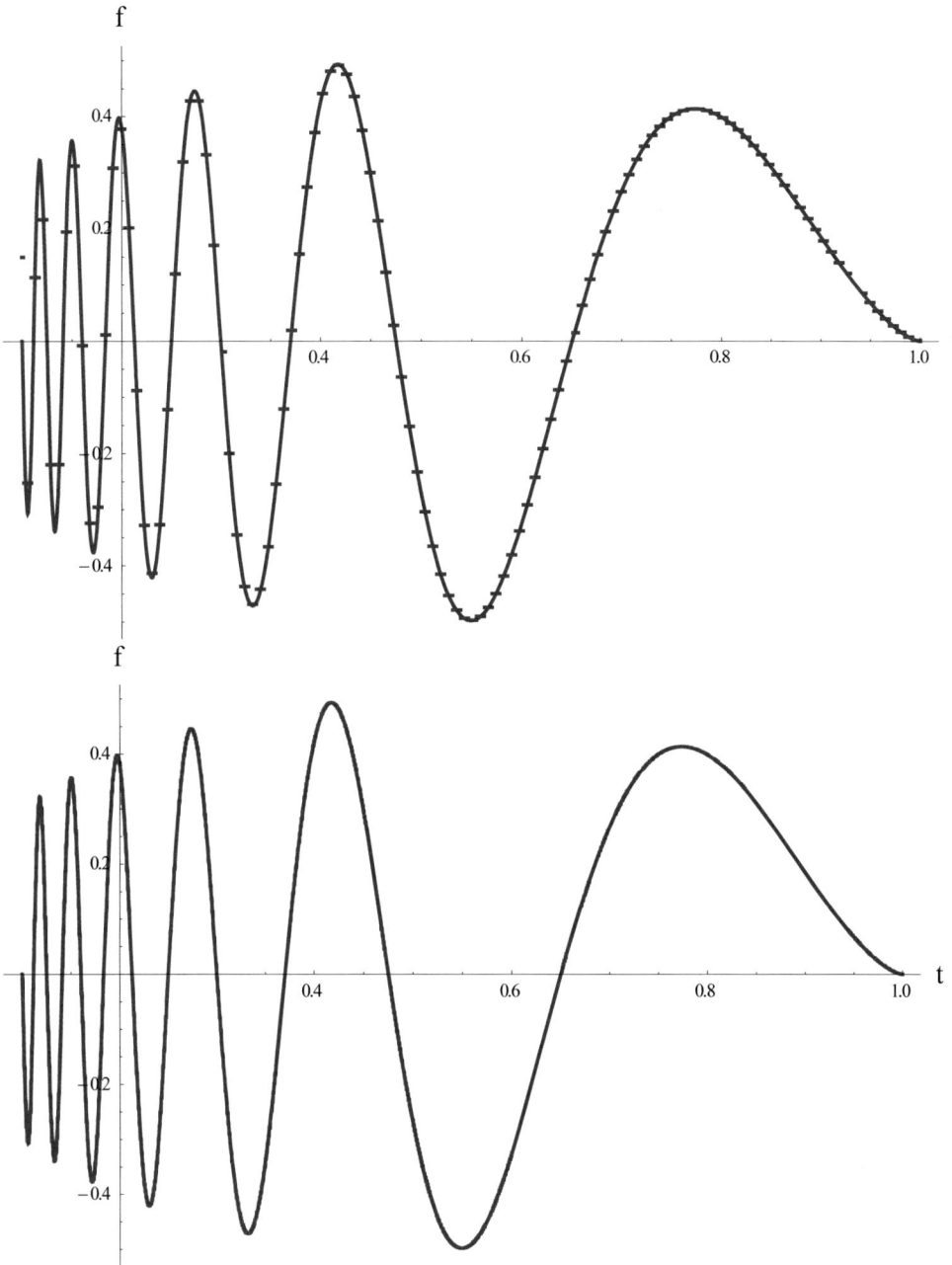

Nun können wir uns noch den Graphen von d_9 ansehen. Die Funktionswerte von d_9 sind in einer Umgebung um die Extremwerte von f in der Nähe von

Null. Dies ist der Fall, da d_j mit steigendem j Veränderungen von f in immer kleineren Bereichen erfasst. Steigt f dann in einem Bereicht stark an oder fällt f in einem Bereich stark ab, so hat d_j in diesem Bereich bei entsprechendem j betragsmäßig große Funktionswerte. Verändert sich die Funktion f auf einem Bereich bzw. auf einer bestimmten Skala nur gering, so sind die Werte der Detailfunktion d_j betragsmäßig entsprechend klein.

Aufgrund der Eigenschaft (I) einer MSA kann man allgemein jede Funktion aus V_0 durch Basisfunktionen aus V_1 erzeugen. Hier kann man wieder die in 1.1 beschriebene Methode verwenden und erhält die in der Literatur bekannte Dilatationsgleichung bzw. Skalierungsgleichung:

$$\phi(t) = \Sigma_k\, h_k\phi_{1,k}(t) = \sqrt{2}\Sigma_k\, h_k\phi(2t-k) \text{ mit } h_k = <\phi,\phi_{1,k}> = \sqrt{2}\int\limits_{-\infty}^{\infty}\phi(t)\cdot\overline{\phi(2t-k)}\,dt$$

Dies Gleichung ist, wie ein vorhergehender Satz gezeigt hat, sogar notwendig und hinreichend für $V_0 \subset V_1$. Verwendet man die zum Haar-Wavelet gehörende Skalierungsfunktion bzw. das zum Haarwavelet gehörende Vaterwavelet, so gilt: $h_0 = h_1 = 1/\sqrt{2}$ und $h_k = 0$ für $k<0$ oder $k>1$, $k \in \mathbb{Z}$.

Wir erhalten nun die bereits bekannte Beziehung:

$$\phi(t) = h_0 \phi_{1,0}(t) + h_1 \phi_{1,1}(t)$$

$$= \frac{1}{\sqrt{2}} \cdot \phi_{1,0}(t) + \frac{1}{\sqrt{2}} \cdot \phi_{1,1}(t)$$

$$= \frac{1}{\sqrt{2}} \cdot \sqrt{2} \cdot \phi(2t) + \frac{1}{\sqrt{2}} \cdot \sqrt{2} \cdot \phi(2t-1) = \phi(2t) + \phi(2t-1)$$

$\psi(t)$ lässt sich allgemein aus den Funktionen $\phi_{1,k}(t)$ konstruieren durch (da $\psi \in W_0$ und mit $W_0 \oplus V_0 = V_1$ folgt $\psi \in V_1$):

$$\psi(t) = \Sigma_k\, g_k \phi_{1,k}(t) = \sqrt{2} \Sigma_k\, g_k \phi(2t-k) \text{ mit } g_k = <\psi, \phi_{1,k}> = \sqrt{2} \int_{-\infty}^{\infty} \psi(t) \cdot \overline{\phi(2t-k)}\, dt$$

Diese Gleichung wird die Waveletgleichung genannt. Für das Haar-Wavelet ψ ergibt sich über die obere Waveletgleichung die Beziehung, die wir bereits verwendet haben: $\psi(t) = \phi(2t) - \phi(2t-1)$.

Also ergeben sich die Koeffizienten: $g_0 = 1/\sqrt{2}$, $g_1 = -g_0$ und $g_k = 0$ für $k<0$ oder $k>1$. Dadurch erhalten wir über die Waveletgleichung die bereits verwendete Beziehung zur Darstellung des Haar-Wavelets:

$$\psi(t) = g_0 \phi_{1,0}(t) + g_1 \phi_{1,1}(t)$$

$$= \frac{1}{\sqrt{2}} \cdot \phi_{1,0}(t) - \frac{1}{\sqrt{2}} \cdot \phi_{1,1}(t)$$

$$= \frac{1}{\sqrt{2}} \cdot \sqrt{2} \cdot \phi(2t) - \frac{1}{\sqrt{2}} \cdot \sqrt{2} \cdot \phi(2t-1) = \phi(2t) - \phi(2t-1)$$

Man kann die Koeffizienten g_k über das oben stehende Skalarprodukt bestimmen oder auch über die Gleichung $g_k = (-1)^k h_{1-k}$ (siehe Satz auf nächster Seite), falls man zuvor die Koeffizienten h_k bestimmt hat. Diese Beziehung zwischen den Koeffizienten g_k und h_k erhält man, wenn man die Orthogonalitätsbedingungen von ϕ zu ψ im Fourier-Raum herleitet.

Bemerkungen zu den Filterkoeffizienten:

1) Die Dilatationsgleichung $\phi(t) = \sqrt{2}\sum_k h_k \phi(2t-k)$ und die Waveletgleichung $\psi(t) = \sqrt{2}\sum_k g_k \phi(2t-k)$ haben im Fourier-Raum die folgende Gestalt (diese erhält man durch einfache Fouriertransformation der Gleichungen unter Verwendung des Dämpfungssatzes):

$$\hat{\phi}(\omega) = H(\omega/2)\hat{\phi}(\omega/2) \text{ mit } H(\omega) = \sum_k \frac{h_k}{\sqrt{2}} e^{-i\omega k} \text{ , denn:}$$

$$\mathcal{F}\{\sqrt{2}\sum_k h_k \phi(2t-k)\} = \sqrt{2}\sum_k h_k \mathcal{F}\{\phi(2t-k)\}$$

$$= \sqrt{2}\sum_k h_k \cdot \frac{1}{2} e^{-ik\cdot\frac{\omega}{2}} \cdot \hat{\phi}\left(\frac{\omega}{2}\right) = \left(\frac{1}{\sqrt{2}}\sum_k h_k e^{-ik\cdot\frac{\omega}{2}}\right)\cdot\hat{\phi}\left(\frac{\omega}{2}\right)$$

Dies gilt, wegen dem Dämpfungssatz:

$$f(at+b) \ \ \circ\!\!-\!\!\!-\!\!\bullet \ \ \frac{1}{a} e^{ib\cdot\frac{\omega}{2}} \cdot F\left(\frac{\omega}{2}\right) \text{ (hier a=2 und b=-k).}$$

Analog gilt:

$$\hat{\psi}(\omega) = G(\omega/2)\hat{\psi}(\omega/2) \text{ mit } G(\omega) = \sum_k \frac{g_k}{\sqrt{2}} e^{-i\omega k}$$

Man kann auch die Dilatationsgleichung und die Waveletgleichung als Faltung betrachten, die dann im Fourierraum ein Produkt darstellt (Faltungssatz). H nennt man die erzeugende Funktion. Sind nur endlich viele h_k von Null verschieden, so stellt H ein trigonometrisches Polynom dar.

Setzt man in die Orthonormalitätsbedingung

$$\langle \phi_{0,n}, \phi \rangle = \int_{-\infty}^{\infty} \phi(t-n) \cdot \overline{\phi(t)}\, dt = \begin{cases} 0 \text{ für } n \neq 0 \\ 1 \text{ für } n = 0 \end{cases}$$

in die Dilatationsgleichung ein, so erhält man nach einer Substitution die Bedingung 2)(a), siehe [2].

2) a) Damit die ganzzahligen Translate der Skalierungsfunktion ϕ ein Orthonormalsystem bilden, muss folgendes gelten:

$$\sum_k h_k \overline{h_{k+2n}} = \begin{cases} 0 & ; n \neq 0 \\ 1 & ; n = 0 \end{cases}$$

Damit gilt für n = 0: $\sum_k |h_k|^2 = 1$

b) Mit $\int_{-\infty}^{\infty} \phi(t)dt \neq 0$ und $V_0 \subset V_1$ (und $\sum_k h_k < \infty$) gilt $\sum_k h_k = \sqrt{2}$,

denn:

$$\phi(t) = \sqrt{2} \sum_k h_k \phi(2t-k) \qquad | \mathcal{F} \quad \text{(Dämpfungssatz)}$$

$$\hat{\phi}(\omega) = \sqrt{2} \sum_k h_k \cdot e^{ik\omega/2} \phi(\omega/2)$$

$$\hat{\phi}(0) = \sqrt{2} \sum_k h_k \cdot e^{ik0/2} \phi(0)$$

Mit $\hat{\phi}(0) = \dfrac{1}{\sqrt{2\pi}} \int_{-\infty}^{\infty} \phi(t)dt \neq 0$, folgt:

$$\frac{1}{\sqrt{2}} = \sum_k h_k$$

Beweise für die folgenden Sätze, findet man u.a. in [2] und [10].

Satz:
   (1) Besitzt ϕ einen kompakten Träger, dann sind höchstens endlich viele
       $h_k \neq 0$.
   (2) Sei a:= inf $\{t \mid \phi(t) \neq 0\}$ und b:= sup $\{t \mid \phi(t) \neq 0\}$ und ϕ habe einen
       kompakten Träger, dann gilt $a, b \in \mathbb{Z}$ und $h_k = 0$ für $k < a$ oder $k > b$.

Der Nachweis für (1) ist trivial, wenn man die Definition der h_k betrachtet:

$$h_k = <\phi, \phi_{1,k}> = \sqrt{2} \int_{-\infty}^{\infty} \phi(t) \cdot \overline{\phi(2t-k)} \, dt$$

Das Integral kann nur dann von Null verschieden sein, wenn die Träger von
ϕ und $\phi_{1,k}$ „überlappen", d.h. wenn die Schnittmenge der Träger ein Intervall
ergibt.

Satz:
   (1) Werden die Koeffizienten g_k des Mutterwavelets ψ, für die
       $\psi(t) = \sqrt{2} \sum_k g_k \phi(2t - k)$ gilt, definiert durch $g_k = (-1)^k h_{1-k}$, so bil-
       den die $\psi_{0,k}$ eine orthonormierte Basis des W_0.
   (2) Werden die Koeffizienten des Mutterwavelets ψ definiert durch
       $g_k = (-1)^k h_{1-k}$ und sei durch die V_j eine MSA definiert mit Skalie-
       rungsfunktion ϕ, dann bilden die $\psi_{j,k}$ eine orthonormierte Wavelet-
       Basis des L^2.

Bemerkung:
(1) Mit den Koeffizienten h_k ist die Funktion ϕ festgelegt und auch die Koeffizienten g_k (aber nicht eindeutig!) für ψ, womit das Wavelet festgelegt ist.
Dies ist die Grundlage für die Konstruktion zweier Familien von wichtigen
Wavelets (den B-Splines und den Daubechies Wavelets).

(2) Gilt für die die Fouriertransformierte eines Wavelets ψ die Bedingung $\hat{\psi}(\omega) = e^{-i\omega/2} \cdot \overline{H(\omega/2 + \pi)} \cdot \hat{\phi}(\omega/2)$, dann bilden die $\psi_{j,k}$ eine orthonormierte Wavelet-Basis des L^2 (falls durch die V_j eine MSA definiert ist mit Skalierungsfunktion ϕ).

Satz:

$\left\{\phi_{0,k}\right\}_k$ bildet genau dann ein OS, wenn $\sum_k \left|\hat{\phi}(\omega + 2\pi k)\right|^2 = \dfrac{1}{2\pi}$ für fast alle $\omega \in \mathbb{R}$ gilt.

Bemerkung:

Die Bedingung $\sum_k \left|\hat{\phi}(\omega + 2\pi k)\right|^2 = \dfrac{1}{2\pi}$ (fast überall, d.h. für fast alle $\omega \in \mathbb{R}$, bzw. für höchstens abzählbar unendlich viele) ist erfüllt, falls für die erzeugende Funktion H, die aus der der Dilatationsgleichung im Fourierraum bekannt ist, gilt: $\left|H(\omega)\right|^2 + \left|H(\omega + \pi)\right|^2 = 1$. Diese Beziehung erhält man, wenn man $H(\omega) = H(\omega/2) \cdot \phi(\omega/2)$, d.h. die Dilatationsgleichung im Fourierraum, in die obere Summe einsetzt.

5.4 Anwendung der Multiskalenanalyse in $L^2(\mathbb{R}^2)$

Es gelte: $V_1^1 = V_0^1 \oplus W_0^1$

Hierbei beschreibt der oben stehende Index die Dimension und der unten stehende Index die Auflösung. Konstruktion der Skalierungsfunktion und der Wavelets für den $L^2(\mathbb{R}^2)$ durch den Tensorproduktansatz:

$$V_1^2 = V_1^1 \otimes V_1^1 = (V_0^1 \oplus W_0^1) \otimes (V_0^1 \oplus W_0^1)$$
$$= (V_0^1 \otimes V_0^1) \oplus (V_0^1 \oplus W_0^1) \oplus (W_0^1 \otimes V_0^1) \oplus (W_0^1 \oplus W_0^1)$$

Der Raum wird also von den Basisfunktionen von $V_0^1 \otimes V_0^1$, $V_0^1 \otimes W_0^1$, $W_0^1 \otimes V_0^1$ und $W_0^1 \otimes W_0^1$ aufgespannt.

Dies sind die Dilatationen und Translationen von $\phi\phi$, $\phi\psi$, $\psi\phi$ und $\psi\psi$. Die Anzahl der Wavelets ist also $2^2 - 1 = 3$ und $\phi\phi$ beschreibt die Skalierungsfunktion.

Für den $L^2(\mathbb{R}^n)$ werden dann $2^n - 1$ Wavelets benötigt.

ψ ist ein eindimensionales Wavelet. Die Translate von ψ_m bilden dann eine Basis von $W_{0,m}$. Wie im eindimensionalen Fall kann man nun eine Funktion f aus $L^2(\mathbb{R}^2)$ durch eine Funktion f_j aus dem Raum V_j approximieren. f_j ist hierbei wieder die Projektion von f auf V_j.

Basiselemente von V_j:

$$\phi_{j,k}(t) = 2^j \phi(2^j t_1 - k_1, 2^j t_2 - k_2), \ k = (k_1, k_2)^T \in \mathbb{Z}^2$$

Nun kann f_j durch Linearkombination der Basiselemente dargestellt werden:

$$f_j(t) = f_j(t_1, t_2) = 2^j \sum_{k_1, k_2} f^j_{k_1, k_2} \cdot \phi(2^j t_1 - k_1, 2^j t_2 - k_2),$$

mit

$$f^j_{k_1, k_2} = 2^j \cdot \int\limits_{-\infty}^{\infty} \int\limits_{-\infty}^{\infty} f(t_1, t_2) \cdot \phi(2^j t_1 - k_1, 2^j t_2 - k_2) \, dt_1 dt_2.$$

Analog zum eindimensionalen Fall, kann man nun auch die Eigenschaft nutzen, dass W_j das orthogonale Komplement von V_j in V_{j+1} ist und somit mit den Funktionen d_j aus W_j bzw. $d_{j,m}$ aus $W_{j,m}$ und f_j aus V_j die Funktion f_{j+1} aus V_{j+1} erzeugen. Die ganzzahligen Translate der drei Wavelets ψ_m erzeugen die Räume $W_{0,m}$. Also gilt:

$$W_0 = W_{0,1} \oplus W_{0,2} \oplus W_{0,3}.$$

Somit kann man die Detailfunktion d_0 mit Hilfe von Funktionen $d_{0,m}$ aus $W_{0,m}$ ($m = 1,2,3$) folgendermaßen erzeugen:

$$d_0(t) = d_{0,1}(t) + d_{0,2}(t) + d_{0,3}(t).$$

Wegen $V_1 = V_0 \oplus W_0$ gilt

$$f_1(t) = f_0(t) + d_0(t) = f_0(t) + d_{0,1}(t) + d_{0,2}(t) + d_{0,3}(t).$$

Die Basiselemente von $W_{j,m}$ erhält man hier durch

$$\psi_{j,k,m}(t) = 2^j \psi_m(2^j t_1 - k_1, 2^j t_2 - k_2)\} \text{ , mit } m = 1,2,3 \text{ und } k = (k_1, k_2)^T \in \mathbb{Z}^2.$$

$d_{j,m}$ kann nun durch Linearkombination der oberen Basiselemente dargestellt werden:

$$d_{j,m}(t) = d_{j,m}(t_1, t_2) = 2^j \sum_{k_1, k_2} d^j_{m, k_1, k_2} \cdot \psi(2^j t_1 - k_1, 2^j t_2 - k_2),$$

mit

$$d^j_{m,k_1,k_2} = 2^j \cdot \int\limits_{-\infty}^{\infty} \int\limits_{-\infty}^{\infty} f(t_1,t_2) \cdot \psi_m(2^j t_1 - k_1, 2^j t_2 - k_2)\, dt_1 dt_2$$

und m = 1,2,3.

Allgemein gilt wegen $V_j = V_j \oplus W_j$:

$$f_{j+1}(t) = f_j(t) + d_j(t) = f_j(t) + d_{j,1}(t) + d_{j,2}(t) + d_{j,3}(t).$$

Nun kommen wir in unserem Beispiel zur konkreten Approximation, wobei wir das Haar-Wavelet verwenden. Die zweidimensionale Skalierungsfunktion des Haar-Wavelets $\phi(s,t) = \phi(s) \cdot \phi(t)$ ist unten zu sehen:

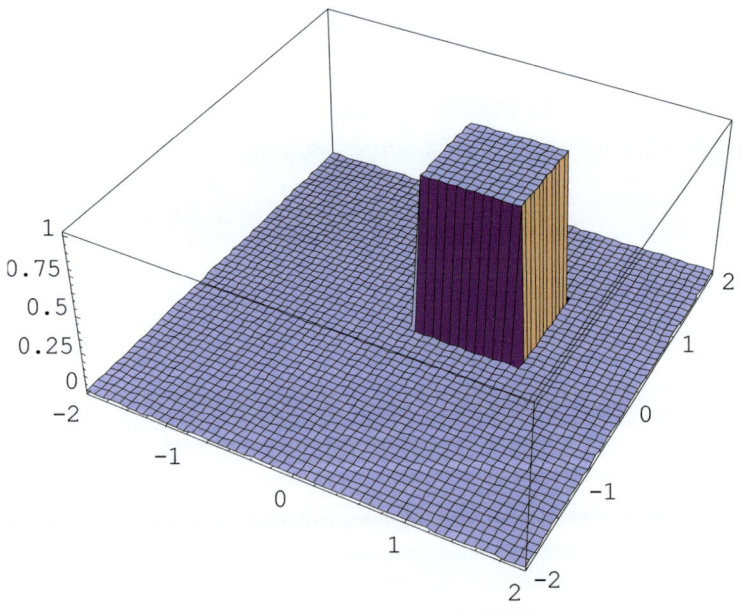

Die zu approximierende Funktion ist hier $f(s,t) = e^{-s^2 - t^2}$.

Es folgt deren Graph:

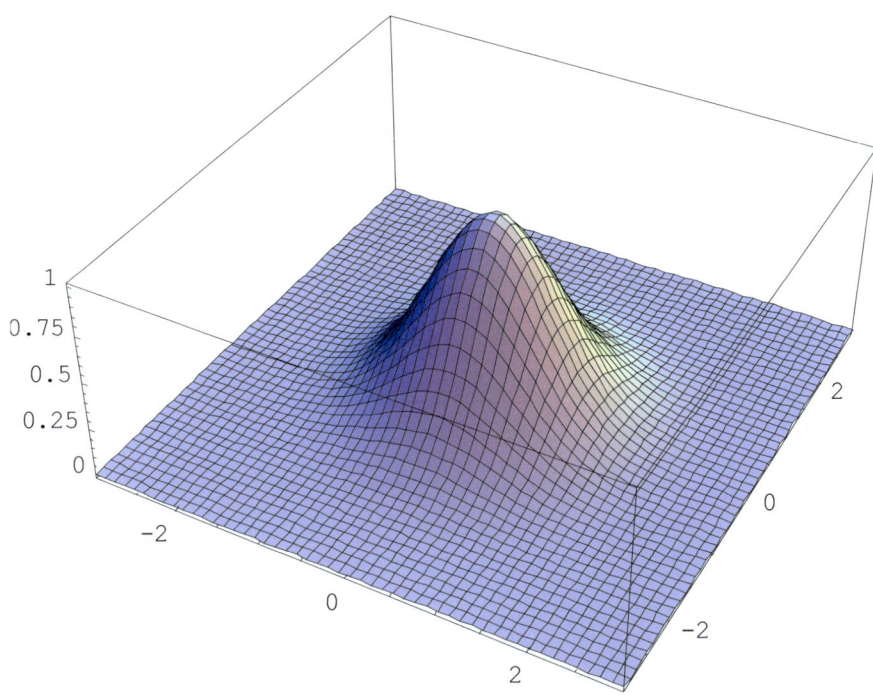

Als nächstes ist der Graph der Approximationsfunktion für j = 0 zu sehen und danach der für j = 1.

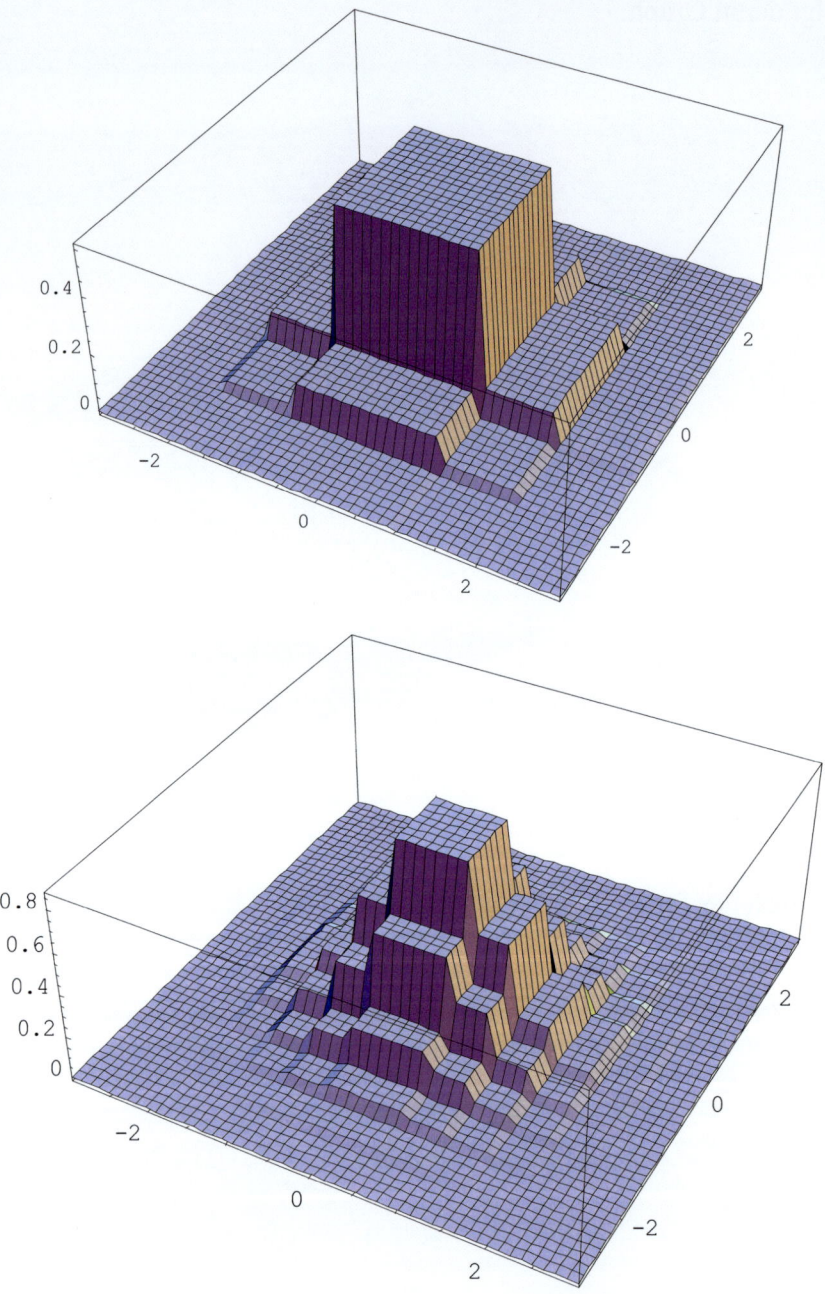

Graph der Approximationsfunktion für j=2:

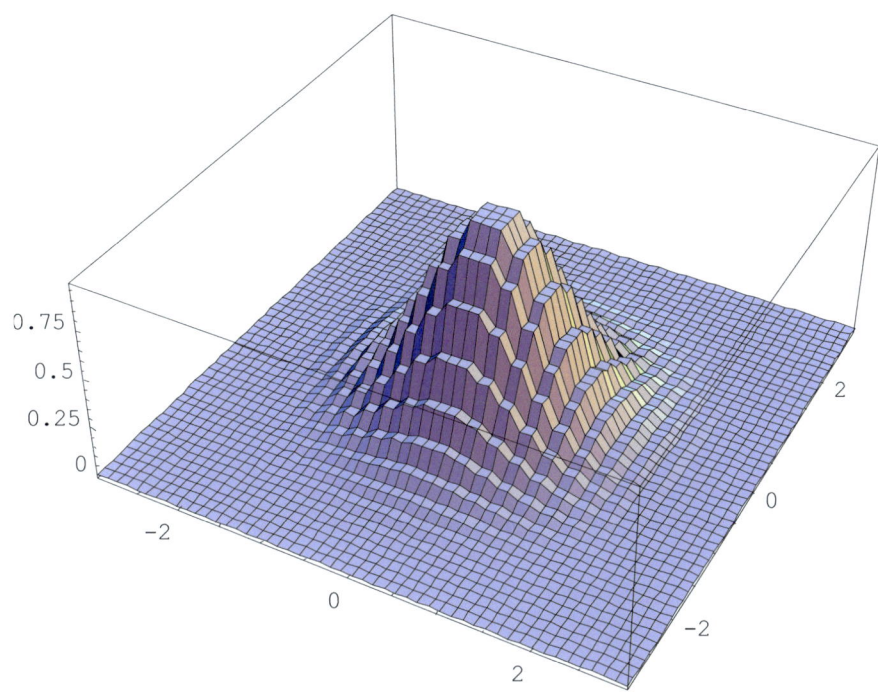

5.5 Schnelle diskrete Wavelettransformation nach Mallat

Die schnelle diskrete Wavelettransformation nach Mallat ist für die Anwendung von großer Bedeutung, insbesondere bei der Kompression von Bilddaten. Dazu werden die Ausgangsdaten zunächst mit diesem Algorithmus transformiert. Je nachdem, wie stark die Kompressionsrate sein soll, werden dann die transformierten Werte Null gesetzt, deren Betrag kleiner oder gleich einem bestimmten vorgegebenen Wert ist. Die Werte werden abgespeichert. Nach der Rücktransformation ergibt sich ein Informationsverlust, den man jedoch relativ gering halten kann.

Für die Transformation benötigt man nur die Koeffizienten h_k und g_k für ein Wavelet.

Als Beispiel verwenden wir gleich die folgenden Daten:

$f_k^J = 3\sin(0{,}02k) + 2\sin(0{,}04k) + 2\sin(0{,}08k)$ für k = 0, 1, …, 399.

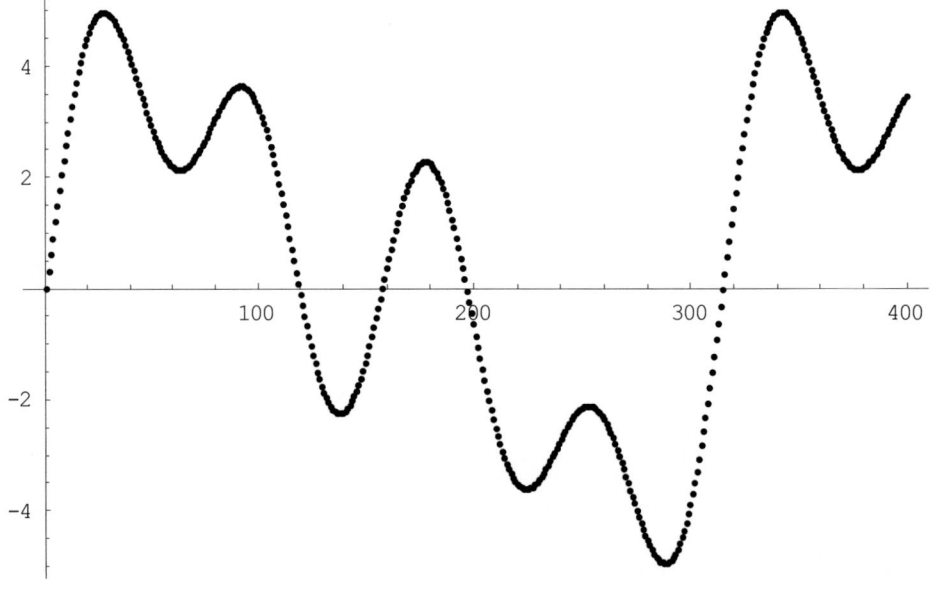

Es wird nun angenommen, dass die Daten $\{f_0^J, f_1^J, ..., f_k^J, ..., f_{n-1}^J\}$ die Koeffizienten darstellen, die wir im Kapitel zur Multiskalenanalyse vorgestellt und in einem Beispiel berechnet haben. Hier gilt:

$$f_k^J = <f, \phi_{J,k}> = 2^{J/2} \int_{-\infty}^{\infty} f(t) \cdot \overline{\phi(2^J t - k)} dt = 2^{J/2} \int_{-\infty}^{\infty} f(t + 2^{-J} k) \cdot \overline{\phi(2^J t)} dt .$$

Diese Skalarprodukte sind außerdem, bis auf einen Faktor, Näherungen für Funktionswerte der in der Praxis meist unbekannten Funktion f, denn:

$$f_k^J \approx 2^{-J/2} f(2^{-J} k) .$$

Hier kommen somit die gleichen Überlegungen wie bei der diskreten Fourier-Analyse zum tragen, wo die Daten auch als Koeffizienten angesehen werden.

Diese Daten werden in zwei Komponenten $\{f_0^{J-1}, f_1^{J-1}, ..., f_{n/2-1}^{J-1}\}$ und $\{d_0^{J-1}, d_1^{J-1}, ..., d_{n/2-1}^{J-1}\}$ zerlegt, denen die Auflösung J-1 zugrunde liegt. Mit diesen beiden Listen lassen sich die Daten f_k^J wieder rekonstruieren. Für den Algorithmus der schnellen Wavelettransformation gehen wir davon aus, dass die Anzahl der Daten (n) mindestens m-mal durch 2 teilbar ist.

Nun kommen wir zum Algorithmus nach Mallat. Im Kapitel zur diskreten Wavelettransformation und Multiskalenanalyse haben wir die Koeffizienten h_k und g_k in der Dilatations- bzw. Waveletgleichung wie folgt bestimmt:

$$h_k = <\phi, \phi_{1,k}> = \sqrt{2} \int_{-\infty}^{\infty} \phi(t) \cdot \overline{\phi(2t - k)} dt .$$

$$g_k = <\psi, \phi_{1,k}> = \sqrt{2} \int_{-\infty}^{\infty} \psi(t) \cdot \overline{\phi(2t - k)} dt .$$

Man kann zeigen, dass

$$< \phi_{j-1,k}, \phi_{j,l}> = h_{l-2k} \text{ und } <\psi_{j-1,k}, \phi_{j,l}> = g_{l-2k}.$$

Denn durch die Substitution $t = 2^{-j+1}(u+k)$ gilt:

$$\langle \phi_{j-1,k}, \phi_{j,l} \rangle =$$

$$\int_{-\infty}^{\infty} 2^{j/2} \phi(2^{j-1} t - k) \cdot 2^{(j-1)/2} \overline{\phi(2^j t - l)} dt = 2^{j-1/2} \cdot 2^{-j+1} \cdot \int_{-\infty}^{\infty} \phi(u) \cdot \overline{\phi(2u + 2k - l)} du$$

$$= \sqrt{2} \int_{-\infty}^{\infty} \phi(u) \cdot \overline{\phi(2u - (l - 2k)} du$$

Somit gilt:

$$\phi_{j-1,k}(t) = \sum_{l} h_{l-2k} \phi_{j,l}(t) \text{ und } \psi_{j-1,k}(t) = \sum_{l} g_{l-2k} \phi_{j,l}(t).$$

Wendet man nun eine Eigenschaft des Skalarproduktes an, so erhält man den folgenden Algorithmus zur Rekursion:

$$f_k^{j-1} = \langle f, \phi_{j-1,k} \rangle = \sum_{l} \overline{h_{l-2k}} \langle f, \phi_{j,l} \rangle = \sum_{l} \overline{h_{l-2k}} f_l^{j}$$

$$d_k^{j-1} = \langle f, \psi_{j-1,k} \rangle = \sum_{l} \overline{g_{l-2k}} \langle f, \phi_{j,l} \rangle = \sum_{l} \overline{g_{l-2k}} f_l^{j}$$

mit $j = J, J-1, ..., J-m+1$.

Schema:

$$f_k^{J} \longrightarrow f_k^{J-1} \longrightarrow f_k^{J-2} \longrightarrow \quad ... \quad \longrightarrow f_k^{J-m}$$
$$\searrow d_k^{J-1} \quad \searrow d_k^{J-2} \quad ... \quad \searrow d_k^{J-m}$$

Man erhält somit das folgende Mengensystem:

$$\left\{ \left\{ d_0^{J-1}, d_1^{J-1}, ..., d_{n/2-1}^{J-1} \right\} \left\{ d_0^{J-2}, d_1^{J-2}, ..., d_{n/2^2-1}^{J-2} \right\} ..., \left\{ d_0^{J-m}, d_1^{J-m}, ..., d_{n/2^m-1}^{J-m} \right\} \right.$$

$$\left. \left\{ f_0^{J-m}, f_1^{J-m}, ..., f_{n/2^m-1}^{J-m} \right\} \right\}$$

Bei diesem Schema und beim unten stehenden Schema der Rücktransformation macht man sich eine Tatsache, die wir oben schon beschrieben haben, zunutze. Es gilt:

$$V_J = V_{J-1} \oplus W_{J-1} = V_{J-2} \oplus W_{J-1} \oplus W_{J-2} = ... = V_{J-m} \oplus W_{J-1} \oplus W_{J-2} \oplus ... \oplus W_{J-m}$$

$$= V_{J-m} \oplus \bigoplus_{j=J-m}^{J-1} W_j$$

Mit Hilfe dieses Mengensystems ist die vollständige Rekonstruktion der Originaldaten, d.h. die Rücktransformation, möglich. Dabei wird diese Beziehung verwendet:

$$\phi_{j,k}(t) = \sum_l \underbrace{\langle \phi_{j,k}, \phi_{j-1,l} \rangle}_{= h_{k-2l}} \phi_{j-1,l}(t) + \sum_l \underbrace{\langle \phi_{j,k}, \psi_{j-1,l} \rangle}_{= g_{k-2l}} \psi_{j-1,l}(t)$$

Es ist

$$\langle f, \phi_{j,k} \rangle = \sum_l h_{k-2l} \langle f, \phi_{j-1,l} \rangle + \sum_l g_{k-2l} \langle f, \psi_{j-1,l} \rangle .$$

womit sich wegen $f_j(t) = f_{j-1}(t) + d_{j-1}(t)$ die Rekursionsformel ergibt:

$$f_k^j = \sum_l h_{k-2l} f_l^{j-1} + \sum_l g_{k-2l} d_l^{j-1} \quad \text{für } j = J\text{-}m+1, J\text{-}m+2, ..., J.$$

Es liegt somit das Schema zu Grunde:

Man rekonstruiert also aus $\{d_0^{J-m}, d_1^{J-m}, ... , d_{n/2^m-1}^{J-m}\}$ und $\{f_0^{J-m}, f_1^{J-m}, ... , f_{n/2^m-1}^{J-m}\}$ die Menge $\{f_0^{J-m+1}, f_1^{J-m+1}, ... , f_{n/2^m-1}^{J-m+1}\}$ usw. Ziel ist es nun, die transformierten Daten zu reduzieren, wobei man wenig Information verlieren möchte, aber die Datenmenge möglichst stark komprimieren will. Bei der Datenkompression werden alle Koeffizienten aus dem obigen Mengensystem gleich Null gesetzt, deren Betrag kleiner als ein bestimmter vorgegebener Wert ist. Bei der Rücktransformation erhält man eine Näherung für die Ausgangsdaten $\{f_0^J, f_1^J, \ldots, f_{n-1}^J\}$. Im nächsten Beispiel verwenden wir das Haar-Wavelet zur diskreten Transformation. Für die Daubechies-Wavelets kann analog die obere Formel verwendet werden.

Verwendet man das Haar-Wavelet, so gilt: $h_0 = h_1 = 1/\sqrt{2}$ und $h_i = 0$ sonst sowie $g_0 = -g_1 = 1/\sqrt{2}$ und $g_i = 0$, wie wir bereits gezeigt haben. Damit reduziert sich der obere Algorithmus, bei dem der Summationsindex über alle $l \in \mathbb{Z}$ lief, wie unten zu sehen ist, wobei nur zwei Summanden übrig bleiben. Bei allen in praktischen Fällen verwendeten Wavelets (z.B. Daubechies-Wavelets) sind auch nur endlich viele Summanden ungleich Null.

Es gilt für j = J, J-1, ..., J-m+1:
Für k =0 verschwinden alle Summanden bis auf diese für l = 0,1:
$$f_0^{j-1} = h_0 f_0^j + h_1 f_1^j \text{ und } d_0^{j-1} = g_0 f_0^j + g_1 f_1^j.$$
Für k =1 verschwinden alle Summanden bis auf diese für l = 2,3:
$$f_1^{j-1} = h_0 f_2^j + h_1 f_3^j \text{ und } d_1^{j-1} = g_0 f_2^j + g_1 f_3^j.$$
...

In Matrix-Vektor-Schreibweise für den Fall j = J lautet die obere Gleichung:

$$
\begin{pmatrix} f_0^{j-1} \\ f_1^{j-1} \\ . \\ . \\ f_{n/2-1}^{j-1} \end{pmatrix}
=
\underbrace{\begin{pmatrix} f_0^j & f_1^j \\ f_2^j & f_3^j \\ . & . \\ . & . \\ f_{n-2}^j & f_{n-1}^j \end{pmatrix}}_{=F}
\begin{pmatrix} h_0 \\ h_1 \end{pmatrix}
$$

Bei der Rücktransformation geht man dann wie folgt vor (für j = J, …, J-m):

Für k = 0 verschwinden alle Summanden bis auf den für $l = 0$:
$$f_0^j = h_0 f_0^{j-1} + g_0 d_0^{j-1} \ .$$
Für k = 1 verschwinden alle Summanden bis auf den für $l = 0$:
$$f_1^j = h_1 f_0^{j-1} + g_1 d_0^{j-1} \ .$$
Für k = 2 verschwinden alle Summanden bis auf den für $l = 1$:
$$f_2^j = h_0 f_1^{j-1} + g_0 d_1^{j-1} \ .$$
...

Im Beispiel kann man die Daten 4-mal zerlegen, d.h. J = 5 und J-m=1. Nun sollen die Daten reduziert werden, indem nur die Koeffizienten aus dem Mengensystem beibehalten werden, die vom Betrag größer als 0.1 sind. Bei diesem willkürlich gewählten Wert werden 41,25% der Werte d_k^j im Mengensystem gleich Null gesetzt werden. Danach wird rücktransformiert. Hier ist ein graphischer Vergleich zu sehen (originale Daten werden mit schwarzen Punkten dargestellt).

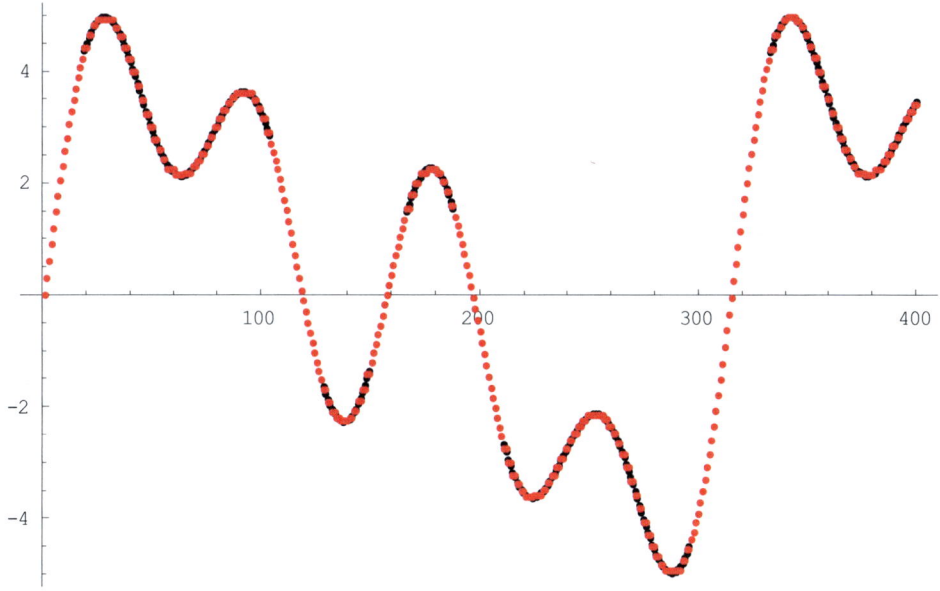

6 B-Splines und Battle-Lemariè-Wavelets

Das zum Haar-Wavelet gehörende Vaterwavelet bzw. die zum Haarwavelet gehörende Skalierungsfunktion ϕ gehört zu einer ganzen Familie von Funktionen β_m, wobei die zum Haarwavelet gehörende Skalierungsfunktion ϕ mit β_0 bezeichnet wird. $\{\beta_0(t-k)\}$ mit k aus $\mathbb{Z}$ bildet, wie oben beschrieben, eine Orthonormalbasis aller auf $[k,k+1)$ stückweisen konstanten Funktionen. $\beta_1(t-k)$ bildet eine Basis aller stückweise linearen Funktionen (siehe unten), allerdings weder eine Orthonormal- noch eine Orthogonalbasis. β_1 ergibt sich aus β_0 durch Faltung:

$$\beta_1(t) = \int_{-\infty}^{\infty} \beta_0(t-\tau) \cdot \beta_0(\tau) d\tau$$

Man erhält aus β_0 eine neue Skalierungsfunktion β_1 durch Faltung, weil die Dilatationsgleichung im Fourierraum die einfache Gestalt $\hat{\phi}(\omega) = H(\omega/2) \cdot \hat{\phi}(\omega/2)$ hat und man somit zeigen kann, dass, falls $\hat{\phi}(\omega)$ die Gleichung erfüllt, auch das Produkt $\hat{\phi}(\omega) \cdot \hat{\phi}(\omega)$ diese erfüllt. Das Produkt im Fourierraum wird dann zur Faltung im Originalraum. Somit erhält man allgemein $\hat{\beta}_m(\omega) = \left(\hat{\beta}_0(\omega)\right)^m$ und nach der Zurücktransformation $\beta_m(\omega)$.

Da die $\{\beta_m(t-k)\}$ für m fest und m>0 kein Orthogonalsystem mehr bilden, müssen die Funktionen $\beta_m(t-k)$ orthogonalisiert bzw. orthonormalisiert werden. Dies wird im Fourierraum getan, da die Orthonormalitätsbedingungen sich dort einfacher formulieren lassen. Danach wird die fouriertransformierte und orthonormalisierte Skalierungsfunktion $\hat{\beta}_m^{orth}$ zurücktransformiert.

Bei der Verwendung der Funktionen β_m bzw. β_m^{orth} im Rahmen der Multiskalenanalyse (MSA) spricht man von einer Spline MSA. V_0 ist nun der Raum aller polynomialer Splines von höchstens m-tem Grade, die (m-1)-

mal stetig differenzierbar sind für m > 0 . Da man aus β_m durch Translation eine Basis von V_0 erhält, nennt man β_m Basis-Splines bzw. B-Splines. Diese Basis-Splines werden in der numerischen Mathematik verwendet.

Hier ist der Graph von β_1 zu sehen:

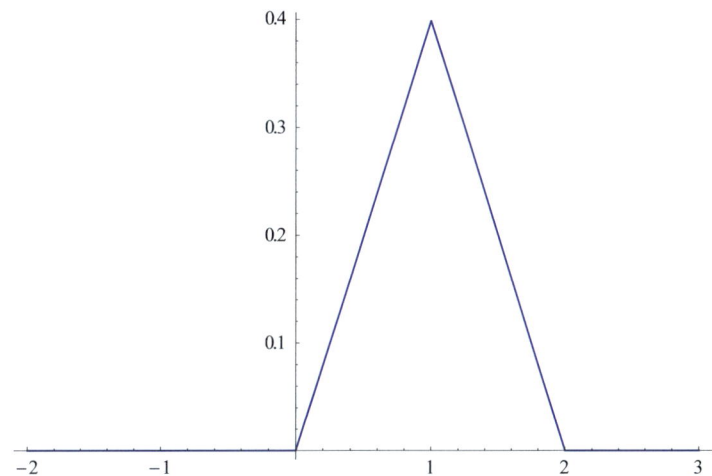

Durch Translation erhält man aus β_1, wie oben beschrieben, eine Basis aller Funktionen, die sich stückweise (auf [k,k+1)) aus Geraden (Polynome 1. Grades) zusammensetzen. Dies ist hier der Raum V_0.

Kommen wir zu der Orthonormalisierung der B-Splines. Bei der Orthonormalisierung werden die B-Splines fouriertransformiert und im Fourierraum werden dann die B-Splines orthonormalisiert. Da die direkte Zurücktransformation kompliziert werden würde, wird für den jeweiligen fouriertransformierten und orthonormalisierten B-Spline $\hat{\beta}_m^{orth}$ die Fourierreihe bestimmt. Die sich hierbei ergebenden Koeffizienten c_k werden direkt im Originalraum zur Reihenentwicklung des orthonormierten B-Splines

$$\beta_m^{orth}(t) = \sum_k c_k \beta_m(t-k)$$

verwendet. Hier gibt es allerdings das Problem, dass man in der Anwendung nur Näherungen

$$\beta_m^{orth}(t) \approx \sum_{k=-k_{min}}^{k_{max}} c_k \beta_m(t-k)$$

bestimmen kann, die aber mit entsprechend großen Werten für k_{min} und k_{max} relativ gut sind, da die Fourier-Koeffizienten c_k mit betragsmäßig größer werdendem k gegen Null gehen (Riemann-Lebesgue-Lemma). Die Orthonormalitätsbedingung im Fourierraum lautet

$$\sum_l \left| \hat{\phi}(\omega + 2\pi l) \right|^2 = 1 \ ,$$

wenn man nicht den Faktor $1/\sqrt{2\pi}$ bei der (Hin-)Transformation verwendet. Mit dieser kann man eine Skalierungsfunktion ϕ im Fourierraum orthonormalisieren durch

$$\hat{\phi}_{orth}(\omega) = \frac{\hat{\phi}(\omega)}{\sqrt{\sum_l \left| \hat{\phi}(\omega + 2\pi l) \right|^2}} \ ,$$

wobei ϕ_{orth} eine Multiskalenanalyse mit den gleichen Räume V_j bildet wie ϕ (siehe [2]). Wird β_0 fouriertransformiert (der Einfachheit halber lassen wir den Faktor $1/\sqrt{2\pi}$ bei der Transformation weg), so ergibt sich:

$$\hat{\beta}_0(\omega) = \int_{-\infty}^{\infty} \beta_0(t) \cdot e^{-i\omega t} dt = \int_0^1 e^{-i\omega t} dt = \frac{1-e^{-i\omega}}{i\omega} = e^{-i\omega/2} \frac{\sin(\omega/2)}{\omega/2}$$

Somit gilt:

$$\hat{\beta}_m(\omega) = e^{-i(m+1)\omega/2} \left(\frac{\sin(\omega/2)}{\omega/2} \right)^{m+1}$$

Nun führen wir die oben beschriebene Orthonormalisierung durch:

$$\sum_{l}\left|\hat{\beta}(\omega + 2\pi l)\right|^{2} = (2\sin(\omega/2))^{2(m+1)} \cdot \sum_{l}\frac{1}{(\omega + 2\pi l)^{2(m+1)}}$$

Damit erhalten wir die im Fourierraum orthonormalisierten B-Splines:

$$\hat{\beta}_{m}^{orth}(\omega) = \frac{\hat{\beta}_{m}(\omega)}{\sqrt{(2\sin(\omega/2))^{2(m+1)} \cdot \sum_{l}\frac{1}{(\omega + 2\pi l)^{2(m+1)}}}} = M(\omega) \cdot \hat{\beta}_{m}(\omega)$$

Mit $\quad \beta_{m}^{orth}(t) = \sum_{k}c_{k}\beta_{m}(t-k) \quad$ folgt $\quad$ (siehe $\quad$ Dämpfungssatz)
$\hat{\beta}_{m}^{orth}(t) = \sum_{k}c_{k} \cdot e^{-i\omega k} \cdot \hat{\beta}_{m}(\omega)$. Somit sind die Koeffizienten c_{k} die Fourier-koeffizienten von $M(\omega)$. Also ergeben sich über die Fourierreihe $M(\omega) = \sum_{k}c_{k} \cdot e^{-i\omega k}$ die Koeffizienten c_{k} und man kann über diese die orthonormierten B-Spline $\beta_{m}^{orth}(t) = \sum_{k}c_{k}\beta_{m}(t-k)$ bestimmen.

Hier ist der Graph der von $\beta_{1}^{orth}(t)$ (als Summationsbereich wurde $\{k \mid -7 \le k \le 7\}$ gewählt).

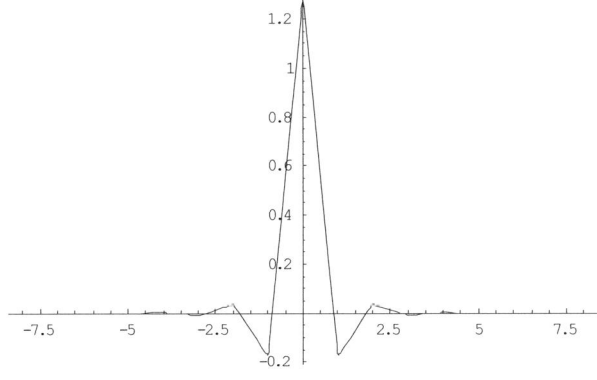

Möchte man zu der Skalierungsfunktion $\phi = \beta_1^{orth}$ das zugehörige Wavelet ψ (näherungsweise) bestimmen, dann kann man über die Koeffizienten h_k die Koeffizienten g_k bestimmen ($g_k = (-1)^k h_{1-k}$) und diese in die Waveletgleichung

$$\psi(t) = \sqrt{2}\sum_k g_k \phi(2t - k)$$

einsetzten. Aufgrund der Symmetrie der Skalierungsfunktion gilt zudem $h_k = h_{-k}$.

Hier ist der Graph von ψ:

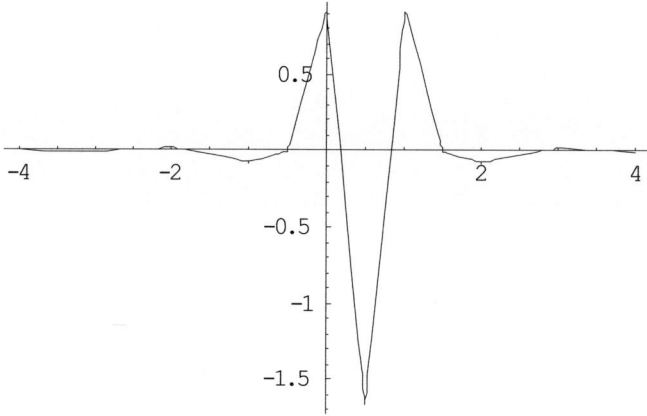

7   Daubechies-Wavelets

Im vorhergehenden Kapitel haben wir die Battle-Lemariè-Wavelets konstruiert, eine Familie von orthogonalen Skalierungsfunktionen bzw. Wavelets. Zusätzlich zur Orthogonalität ist oft eine weitere Eigenschaft ge-
wünscht, die garantiert, dass die Filterlänge, d.h. die Anzahl der von Null
verschiedenen Koeffizienten h_k, endlich ist. Diese Eigenschaft ergibt sich,
wenn das Wavelet einen kompakten Träger besitzt. Die Battle-Lemariè-
Wavelets haben, bis auf β_0, keinen kompakten Träger. Eine ganze Familie
orthogonaler Wavelets mit kompakten Trägern wurden als erstes von Ingrid
Daubechies entdeckt. Sie ging zunächst von einer Reihe günstiger Eigenschaften des Wavelets aus, welche man in Form von Bedingungen an diese
Wavelets bzw. an die Filterkoeffizienten formulieren kann. Es folgen die
Bedingungen, über die sich die Daubechies-Wavelets konstruieren lassen:

(1) $\phi \in L^2$ und supp(ϕ) ist kompakt

(2) $\phi(t) = \sqrt{2} \sum\limits_{k} h_k \cdot \phi(2t - k)$

(3) $\int\limits_{-\infty}^{\infty} \phi(t)dt = 1$

(4) $< \phi_{0,0}, \phi_{0,k} >= 0$ für $k \neq 0$ und $< \phi_{0,0}, \phi_{0,0} >= 1$

(5) ψ habe die Ordnung n: $\int\limits_{-\infty}^{\infty} t^k \psi(t)dt = 0$ für k = 0, 1, ..., n-1 bzw.

$\hat{\psi}^{(k)}(0) = 0$, $k = 0,1,\ldots,n-1$

Vorgehensweise:
Aus den obigen Bedingungen werden die h_k berechnet. Danach werden die
Funktionswerte von $\phi(k)$ mit $k \in \mathbb{Z}$ über die Gleichung
$\phi(j) = \sqrt{2} \cdot \sum\limits_{k=0\ldots2n-1} h_{2j-k} \cdot \phi(k)$; $0 \leq j \leq 2n - 1$ berechnet, von denen nur endlich viele ungleich Null sind. Dieses Problem ist äquivalent zur Berechnung
der Eigenvektoren zum Eigenwert $\lambda = 1$. Diese Gleichung ergibt sich direkt

aus der Dilatationsgleichung, wenn man in $\phi(j) = \sqrt{2} \cdot \sum_{k'} h_k \cdot \phi(2j - k')$ folgendes substituiert: $k = 2j - k'$

Aus   der   Dilatationsgleichung   (Skalierungsgleichung)

$$\phi(t) = \sqrt{2} \cdot \sum_{k} h_k \phi(2t - k) \quad \text{folgt außerdem} \quad \phi(k/2) = \sqrt{2} \cdot \sum_{m} h_m \phi(k - m).$$

Damit können dann die Funktionswerte $\phi(k/2)$ und mit diesen $\phi(k/4)$ u.s.w., berechnet werden. Über die Beziehung $g_k = (-1)^k h_{1-k}$ und über die Waveletgleichung kann man dann analog Funktionswerte für das Wavelet ψ berechnen.

Es werden nun Schritte zur Bestimmung von Funktionswerten von Daubechies-Wavelets näher beschrieben:

Berechnung der Filterkoeffizienten

1. Möglichkeit:
Die Filterkoeffizienten h_k müssen wegen der oben genannten Eigenschaften der Daubechies-Wavelets die folgenden Gleichungen erfüllen.

Bedingung 1 (Normierungsbedingung):

$$\sum_{i=0}^{2n-1} h_i = \sqrt{2}$$

Bedingung 2 (ψ soll Ordnung n haben):

$$\sum_{i=0}^{2n-1} (-1)^i h_i \cdot i^k = 0 \quad \text{für } k = 1, 2, ..., n\text{-}1$$

Bedingung 3 (Orthogonalitätsbedingung für $h_k \in \mathbb{R}$):

$$\sum_{i=0}^{2n-2k-1} h_i \cdot h_{i+2k} = \begin{cases} 1; & k = 0 \\ 0; & k = 1,2,..,n-1 \end{cases}$$

2. Möglichkeit (über das Lemma von Riesz):

Die Fouriertransformierte $\hat{\phi}$ der Skalierungsfunktion ϕ kann man, wie bereits beschrieben, wie folgt durch die Skalierungsgleichung im Fourierraum dargestellten:

$$\hat{\phi}(\omega) = H(\omega/2) \cdot \hat{\phi}(\omega/2).$$

Entwickelt man H(ω) in eine Fourier-Reihe, so erhält man die Koeffizienten h_k aus den Koeffizienten dieser Entwicklung. Da die Filterlänge als endlich vorausgesetzt wird, können wir H(ω) als trigonometrisches Polynom

$$H(\omega) = \sum_{k=0}^{g} \frac{h_k}{\sqrt{2}} e^{-ik\omega}$$

darstellen. Der k-te Fourierkoeffizient ist durch $h_k / \sqrt{2}$ gegeben.

Die Orthogonalitätsbedingung für h_k bezogen auf die Funktion H lautet

$$\left|H(\omega)\right|^2 + \left|H(\omega + \pi)\right|^2 = 1.$$

Durch die Forderung, dass die ersten n Momente von ψ verschwinden (Bedingung (5)) und durch die Forderung nach endlicher Filterlänge folgt, dass sich $\left|H(\omega)\right|^2$ als Polynom aus Sinus- und Kosinustermen zusammensetzen lässt. Es gilt dabei:

$$\left|H(\omega)\right|^2 = (\cos^2(\omega/2))^n \ P(\sin^2(\omega/2)).$$

Setzt man dies in die Orthogonalitätsbedingung ein und setzt man $y = \sin^2(\omega/2)$, so ergibt sich die Gleichung

$$(1-y)^n P(y) + y^n P(1-y) = 1$$

und somit $P(y) = (1-y)^{-n}(1 - y^n P(1-y))$. Das Polynom mit dem kleinsten Grad, welches dieser Bedingung genügt, hat den Grad n-1.

Man kann zeigen, dass folgendes Polynom die obige Gleichung erfüllt:

$$P(y) = \sum_{k=0}^{n-1} \binom{n+k-1}{k} y^k$$

Es gilt $P(y) \geq 0$ für $y \in [0,1]$. Nun muss quasi aus $|H(\omega)|^2$ „die Wurzel gezogen werden" (Lemma von Riesz), um $H(\omega)$ zu erhalten. Dies wird mit der sogenannten Spektral-Faktorzerlegung getan. Dazu werden die Nullstellen z_r der Funktion

$$F(z) = z^{(n-1)} P\left(1 - \frac{\dfrac{z+z^{-1}}{2}}{2} \right)$$

bestimmt (es wurde $\sin^2(\omega/2) = \dfrac{1 - \dfrac{z+z^{-1}}{2}}{2}$ mit $z = e^{i\omega}$ gesetzt). Von diesen Nullstellen wird nun die Hälfte verwendet, um das Polynom H zu bestimmen. Hierzu nimmt man die Nullstellen z_r, die innerhalb des Einheitskreises liegen. Dies ist genau die Hälfte der Nullstellen. Eine andere Auswahl der Nullstellen führt nicht zu reellen Koeffizienten h_k. Nun kann man H bestimmen (H bezeichnen wir hier mit m_0):

$$H(\omega) = m_0(\omega) = \text{const} \cdot (z+1)^n \prod_{r=1}^{n-1} (z - z_r).$$

Über die Koeffizienten dieses Polynoms können die Koeffizienten h_k bestimmt werden. Dies tun wir gleich im Beispiel. Es sei bemerkt, dass man für n = 1 die Koeffizienten zum Haar-Wavelet erhält.

Hat man die Koeffizienten h_k berechnet, so kann man über die Dilatationsgleichung die Funktionswerte $\phi(k)$ an den diskreten Stellen k berechnen. Die Gleichung, die sich für diese Funktionswerte ergibt, stellt ein Eigenwertproblem dar.

Über die Dilatationsgleichung können dann mittels einer Rekursion die Funktionswerte $\phi(k/2)$ und damit $\phi(k/4)$ usw. festgelegt werden. Damit ist es möglich, die Skalierungsfunktion ϕ beliebig genau zu approximieren und mit dieser dann über die Waveletgleichung auch das Wavelet ψ beliebig genau zu approximieren, da mit den Koeffizienten h_k die Koeffizienten g_k bestimmt werden können: $g_k = (-1)^k h_{1-k}$.

Beispiel:
Für n = 6 würden sich die in der unteren Grafik dargestellten Nullstellen von F ergeben:

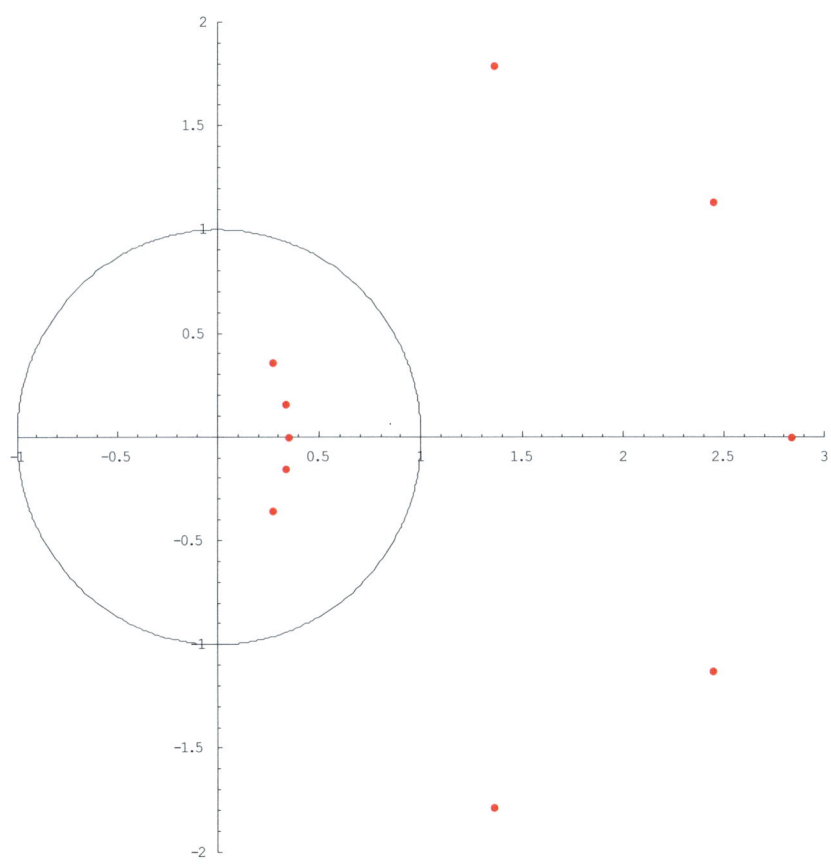

Oben sehen sie die Nullstellen in der komplexen Ebene dargestellt und den Einheitskreis. 5 Nullstellen liegen innerhalb des Einheitskreises und 5 außerhalb. Es fällt eine spezielle Anordnung der Nullstellen in der komplexen Ebene auf. Die Auswahl der Nullstellen innerhalb des Einheitskreises garantiert reelle Filterkoeffizienten. Nun können wir das Polynom m_0 definieren, dessen Koeffizienten wir zur Bestimmung der Filterkoeffizienten h_k verwenden.

Im Beispiel ist

$$m_0(z) \approx -0{,}00965836 + 0{,}0428297z + 0{,}00496538z^2 - 0{,}283144z^3 + 0{,}246752z^4 + 0{,}874134z^5 - 1{,}1634z^6 - 2{,}02854z^7 + 2{,}82632z^8 + 6{,}73417z^9 + 4{,}43447z^{10} + z^{11} \ .$$

Die Koeffizienten von m_0 sind damit (wir bezeichnen diese mit c_k):
$c_0 \approx -0{,}00965836$, $c_1 \approx 0{,}0428297$, …, $c_{11} = 1$.

Über diese können die Koeffizienten h_k berechnet werden, die der Bedingung $\Sigma_k\, h_k = \sqrt{2}$ genügen:

$$h_k = \sqrt{2}\ \frac{c_{11-k}}{\displaystyle\sum_{r=0}^{11} c_r} \quad \text{mit } k = 0,\ 1,\ …,\ 11.$$

Hier sind die Koeffizienten (beginnend mit h_0) zu sehen:
0,111541, 0,494624, 0,751134, 0,31525, -0,226265, -0,129767, 0,0975016, 0,0275229, -0,031582, 0,000553842, 0,00477726, -0,0010773

Berechnung der Funktionswerte $\phi(k)$, $k \in \mathbb{Z}$:

Wir wollen nun herleiten, wie wir mit den Koeffizienten h_k Funktionswerte von ϕ an den diskreten Stellen k bestimmen können. Bei der Ordnung n = 6 berechnen wir dann in unserem Beispiel die Funktionswerte $\phi(k)$ für k = 0,...,11 (= g = 2n-1). Da ϕ einen kompakten Träger besitzt, verschwindet $\phi(t)$ für t kleiner 0 oder t größer 11. Es gilt wegen der Dilatationsgleichung für die Skalierungsfunktion (es sind nur g+1 der h_k ungleich Null):

$$\phi(t) = \sum_{k=0}^{g} \sqrt{2} \, h_k \phi(2t - k) = \sum_{k=0}^{g} c_k \phi(2t - k) \text{ mit } c_k = \sqrt{2} \cdot h_k.$$

Somit gilt:

$$\phi(i) = \sqrt{2} \sum_{k=0}^{g} h_k \phi(2i - k) = \sum_{k=0}^{g} c_k \phi(2i - k) = \sum_{m} c_{2i-m} \phi(m),$$

womit man eine Gleichung für $\phi(0)$, $\phi(1)$, ..., $\phi(g)$ erhält. Die Gleichung in Matrix-Vektor-Form lautet:

$$C\vec{\phi} = \vec{\phi} \text{ mit } (c)_{i,m} = c_{2i-m} \text{ und } \vec{\phi} = (\phi(0), \phi(1), ..., \phi(g))^T$$

Wir erhalten also ein Eigenwertproblem und die unbekannten Funktionswerte von ϕ ergeben sich aus dem Eigenvektor von C zum Eigenwert 1, so dass $\sum_{k=0}^{g} \phi(k) = 1$ gilt. Für $n > 1$ gilt außerdem $\phi(0) = \phi(g) = 0$.

In unserem Beispiel (d.h. für $n = 6$) sieht die Matrix C wie folgt aus (auf der Diagonalen stehen $\sqrt{2} \cdot h_k$):

$$
\begin{pmatrix}
0.157742 & 0 & 0 & 0 & 0 & 0 & 0 & 0 & 0 & 0 & 0 & 0 \\
1.06226 & 0.699504 & 0.157742 & 0 & 0 & 0 & 0 & 0 & 0 & 0 & 0 & 0 \\
-0.319987 & 0.445831 & 1.06226 & 0.699504 & 0.157742 & 0 & 0 & 0 & 0 & 0 & 0 & 0 \\
0.137888 & -0.183518 & -0.319987 & 0.445831 & 1.06226 & 0.699504 & 0.157742 & 0 & 0 & 0 & 0 & 0 \\
-0.0446637 & 0.0389232 & 0.137888 & -0.183518 & -0.319987 & 0.445831 & 1.06226 & 0.699504 & 0.157742 & 0 & 0 & 0 \\
0.00675606 & 0.000783251 & -0.0446637 & 0.0389232 & 0.137888 & -0.183518 & -0.319987 & 0.445831 & 1.06226 & 0.699504 & 0.157742 & 0 \\
0 & -0.00152353 & 0.00675606 & 0.000783251 & -0.0446637 & 0.0389232 & 0.137888 & -0.183518 & -0.319987 & 0.445831 & 1.06226 & 0.699504 \\
0 & 0 & 0 & -0.00152353 & 0.00675606 & 0.000783251 & -0.0446637 & 0.0389232 & 0.137888 & -0.183518 & -0.319987 & 0.445831 \\
0 & 0 & 0 & 0 & 0 & -0.00152353 & 0.00675606 & 0.000783251 & -0.0446637 & 0.0389232 & 0.137888 & -0.183518 \\
0 & 0 & 0 & 0 & 0 & 0 & 0 & -0.00152353 & 0.00675606 & 0.000783251 & -0.0446637 & 0.0389232 \\
0 & 0 & 0 & 0 & 0 & 0 & 0 & 0 & 0 & -0.00152353 & 0.00675606 & 0.000783251 \\
0 & 0 & 0 & 0 & 0 & 0 & 0 & 0 & 0 & 0 & 0 & -0.00152353
\end{pmatrix}
$$

Über den Eigenvektor v zum Eigenwert 1 von C legen wir die Funktionswerte $\phi(k)$ fest (wir „normieren" v so, dass die Summe der Komponenten gleich 1 ergibt).

Damit wäre $\phi(0) = v_1$, $\phi(1) = v_2$, ... , $\phi(11) = v_{12}$.

Mit Hilfe der Dilatationsgleichung werden, wie oben beschrieben, die $\phi(k/2)$ bestimmt. Danach können $\phi(k/4)$, u.s.w., bestimmt werden.

Berechnung der Funktionswerte $\phi(k/2)$, $\phi(k/4)$,…, $k \in \mathbb{Z}$:

Hat man die Funktionswerte von ϕ an ganzzahligen Stellen über den Eigen-vektor v bestimmt, dann können über eine Rekursion Funktionswerte an den Stellen k/2, k/4, usw. für ganzzahlige k bestimmt werden, indem man die Skalierungsgleichung verwendet:

$$\phi(k/2) = \sqrt{2} \cdot \sum_m h_m \phi(k - m)$$

Wenn man diese Rekursion 4-mal anwendet, dann sieht man in unserem Beispiel folgende Punkte der Skalierungsfunktion der Ordnung n = 6 von Daubechies.

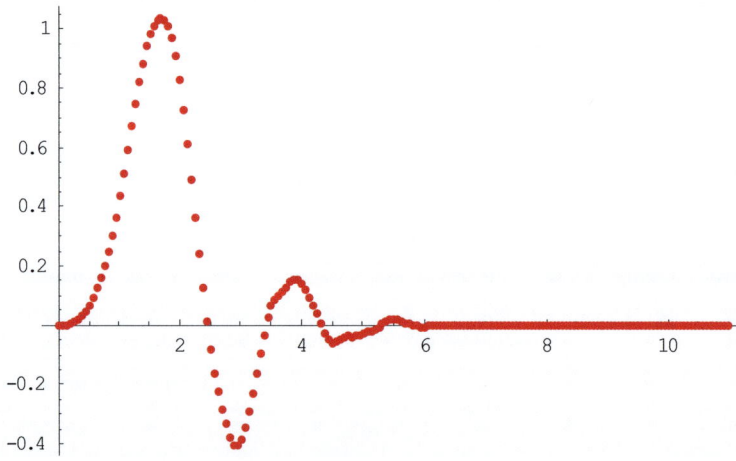

Unten wurden die Punkte interpoliert:

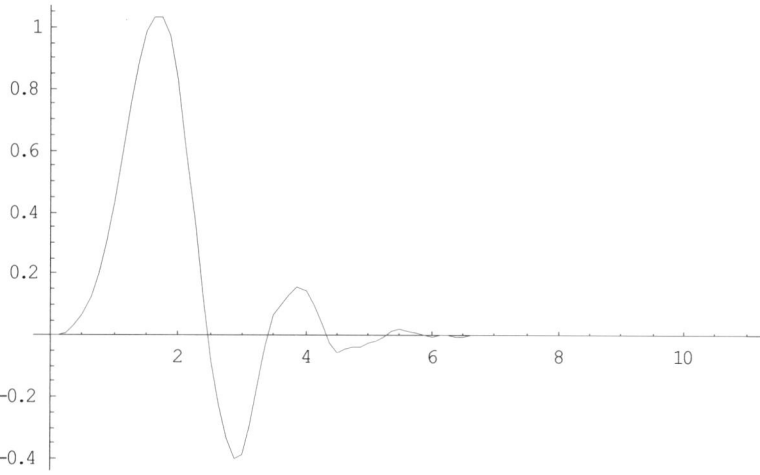

Berechnung der Funktionswerte $\psi(k/2^j)$, $k \in \mathbb{Z}$:

Die Berechnung von Funktionswerten der Waveletfunktion ψ verläuft analog über die Koeffizienten g_k, die wir im Folgenden berechnen:

Zunächst können über die Filterkoeffizienten h_k die Koeffizienten g_k berechnet werden mit $g_k = (-1)^k h_{1-k}$. Danach kann die Rekursion beginnen:

$$\psi(k/2) = \sqrt{2} \cdot \sum_m g_m \phi(k-m)$$

Wenn man diese Rekursion wieder 4-mal anwendet, dann sieht man in unserem Beispiel folgende Punkte des Daubechies-Wavelets der Ordnung $n = 6$:

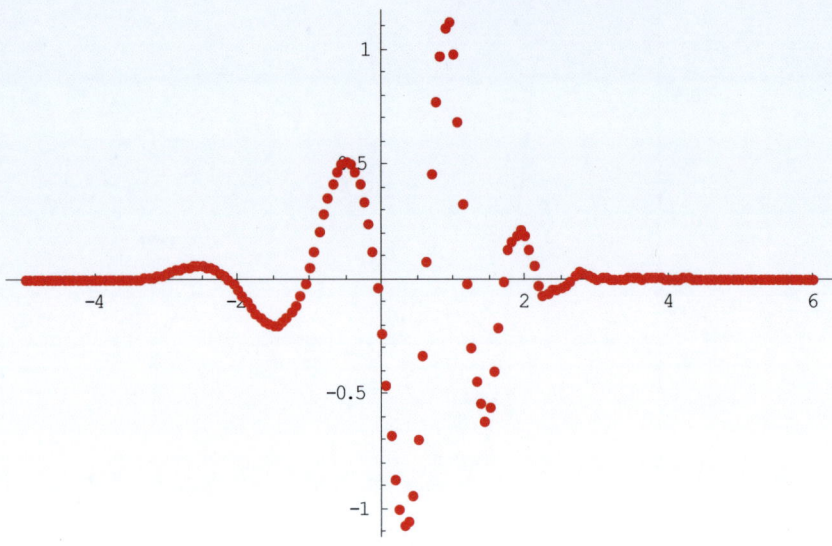

Unten wurden die Punkte interpoliert:

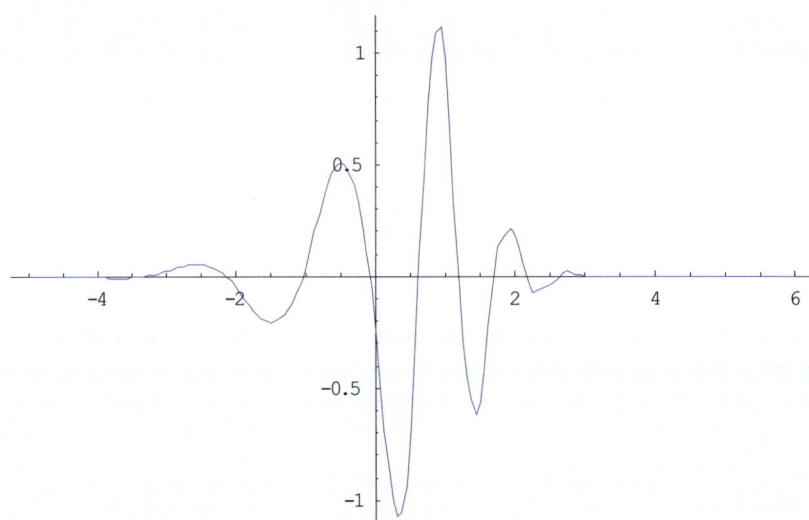

8 Anwendungen der Wavelettransformation

8.1 Rauschunterdrückung (Denoising)

Wir gehen davon aus, dass n Messwerte vorliegen, die fehlerbehaftet sind. Es könnte sich aber auch um Daten handeln, die übertragen wurden und bei der Übertragung leicht verfälscht wurden. Man spricht in diesem Zusammenhang von „Rauschen". Um nun diese Störeffekte zu unterdrücken bzw. zu reduzieren, kann man die diskrete Wavelettransformation verwenden. Wir erzeugen uns im Beispiel zunächst eine Menge mit Daten $\{f_0^J, f_1^J, \ldots, f_{299}^J\}$ mit:

$$f_k^J = 4\sin(0{,}02k) + e_k, \quad \text{für } k = 0, 1, \ldots, 299.$$

e_k sind Realisierungen von mit den Parametern $\mu = 0$ und $\sigma = 0{,}4$ normalverteilter Zufallsvariablen.

Hier werden die Paare $(k+1; f_{k+1}^J)$ graphisch dargestellt.

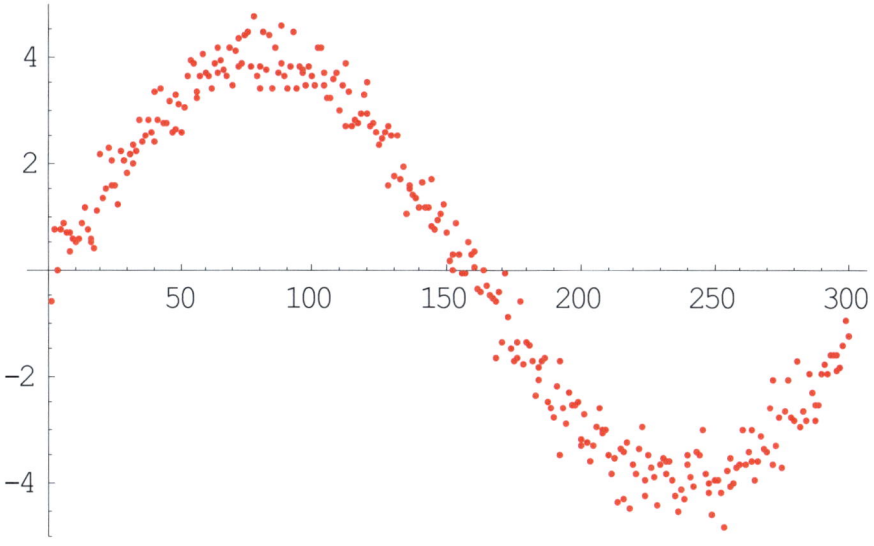

Nun definieren wir die Koeffizienten h_k und g_k, die zum Haarwavelet gehören und führen dann mit den Daten die diskrete Wavelettransformation durch. Man könnte natürlich mit anderen Wavelets hier bessere Ergebnisse erzielen. Die Daten können insgesamt zweimal zerlegt werden, womit wir die transformierten Werte $\left\{ \left\{ d_0^1, d_1^1, ..., d_{149}^1 \right\}, \left\{ d_0^0, d_1^0, ..., d_{74}^0 \right\}, \left\{ f_0^0, f_1^0, ..., f_{74}^0 \right\} \right\}$ erhalten (J = 2).

Nun werden alle transformierten Werte $\left\{ \left\{ d_0^4, d_1^4, ..., d_{149}^4 \right\}, \left\{ d_0^3, d_1^3, ..., d_{74}^3 \right\} \right\}$, deren Betrag kleiner als $c = 0{,}4$ ist, auf Null gesetzt und die restlichen werden so transformiert, dass ihr Betrag um $c = 0{,}4$ kleiner wird.

Bemerkung:
Es gibt verschiedene Möglichkeiten zur Rauschreduzierung (Denoising). Das sogenannte Hard-Thresholding vor der Rücktransformation:

$$\tilde{d}_k^{\,j} = d_k^{\,j} \text{ if } |d_k^{\,j}| \geq c \text{ für } j = \text{J-m, J-m+1, ..., J-1} \quad (\text{hier ist m = 2 und J = 2})$$
$$\tilde{d}_k^{\,j} = 0 \text{ sonst, mit einem } c > 0.$$

Oder das Soft-Thresholding:

$$\tilde{d}_k^{\,j} = \text{sign}(d_k^{\,j})(|d_k^{\,j}| - c) \text{ für } j = \text{J-m, J-m+1, ..., J-1, mit } c > 0.$$

D. L. Donoho und I. M. Johnstone schlugen den folgenden universellen "Threshold" vor: $c = \sigma\sqrt{2 \cdot \log(n)}$ (siehe "Ideal spatial adaptation via wavelet shrinkage" in Biometrika, vol. 81, pp. 425–455, 1994).

Für eine "weißes Rauschen Folge" von unabhängig und identisch $N(0, \sigma^2)$-verteilter Fehler E_k der Länge n würde das obige c die folgende Bedingung erfüllen:

$$\lim_{n \to \infty} P(\max | E_i | > c) = 0$$

Im Folgenden werden in schwarz die Rauschreduzierten Werte und in rot die Werte, vor der Rauschreduzierung dargestellt. In blau ist die Kurve von f(t) = 4sin(0,02t) zu sehen.

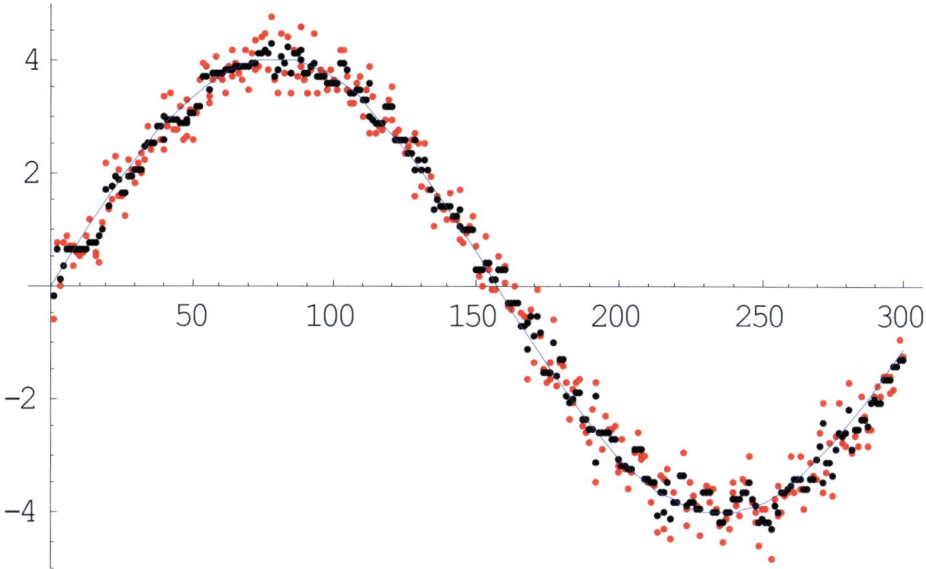

8.2 Histogramme

Wir wollen mit Hilfe der Skalierungsfunktion ϕ ein Histogramm erstellen bzw. eine empirische Dichtefunktion bestimmen. Wir gehen davon aus, dass n Beobachtungen x_1, x_2, ..., x_n vorliegen. Diese werden als Realisierungen von n stetigen zufälligen Größen X_1, X_2, ..., X_n angesehen, die unabhängig und identisch verteilte sind (i.i.d.). Die klassische Vorgehensweise bei der Erstellung eines Histogramms ist, dass man ein Intervall [a, b), in dem alle Beobachtungen liegen, in m äquidistante Teilintervalle $I(s) = [a+(s-1)\cdot h, a+s\cdot h)$ mit der Intervallbreite $h = (b-a)/m$ zerlegt (s=1, 2, ..., m). Nun können wir die Dichtefunktion f, die in der Praxis meist unbekannt ist, über die im Folgenden definierte empirische Dichtefunktion schätzen (das Dach über f kennzeichnet hier nicht für die Fouriertransformierte, sondern die Schätfunktion der Dichtefunktion):

$$\hat{f}(x) = \frac{1}{n \cdot h} \cdot \begin{cases} \text{Anzahl der } x_i \text{ in } I(s), \text{ falls } x \in I(s) \\ 0, \text{ falls } x \notin [a,b) \end{cases}$$

Der Faktor 1/h dient dabei der Normierung, damit $\int_{-\infty}^{\infty} \hat{f}(x)dx = 1$ gilt.

Wir können nun auch eine empirische Dichtefunktion bestimmen, wenn wir die Skalierungsfunktion ϕ bzw. $\phi_{j,k}$ verwenden. Mit dem Index j können wir dann die Intervallbreite der Teilintervalle I(s) festlegen.

Beispiel:
Wir verwenden folgende Beobachtungen im Beispiel:
170, 175, 175, 180, 180, 180, 180, 183, 185, 185, 190

Definiert man die Funktion $\phi_{j,k}$ ohne den Faktor $2^{j/2}$, so gilt:

$$\phi_{j,k}(x) = \phi(2^j x - k) = \begin{cases} 1 & \text{, falls } 2^{-j}k \leq x < 2^{-j}(k+1) \\ 0 & \text{, sonst} \end{cases}$$

Der Vorfaktor dient nur der Normierung und kann an dieser Stelle weg gelassen werden, wenn man dies bei den späteren Berechungen berücksichtigt. Nun kann man die Anzahl der Beobachtungen im Intervall $[2^{-j}k, 2^{-j}(k+1))$

mit $\displaystyle\sum_{i=1}^{n} \phi_{j,k}(x_i)$ bestimmen.

Nun können wir die empirische Dichtefunktion definieren. Dazu wählen wir die Intervallbreite $h = 2^{-j}$, womit gilt:

$$\hat{f}(x) = \frac{2^j}{n} \cdot |\{ x_i \mid x_i \in [2^{-j} \cdot [2^j x], 2^{-j} \cdot [2^j x + 1])\}|$$

$$\hat{f}(x) = \frac{2^j}{n} \cdot \sum_{i=1}^{n} \phi_{j,[2^j x]}(x_i)$$

Bemerkung:
1) [x] meint die größte ganze Zahl kleiner oder gleich x.
2) Mit j kann die Intervallbreite verändert werden.

Wir setzen j = -2 und zeichnen das Histogramm (senkrechte Linien gehören, wie auch in der nächsten Grafik, nicht zur Funktion):

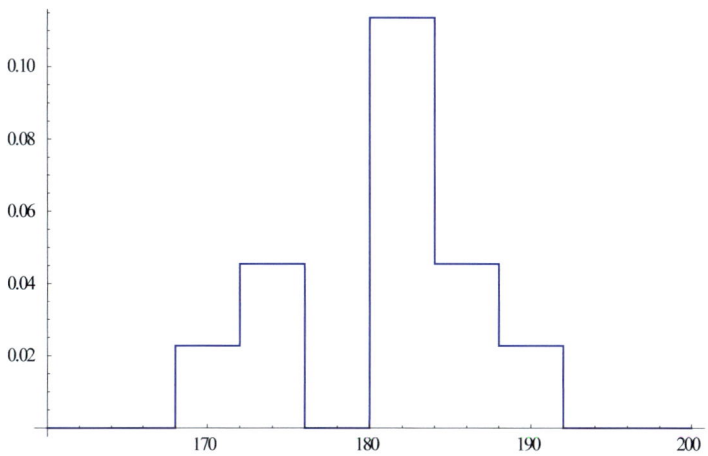

Für j = -3 ergibt sich:

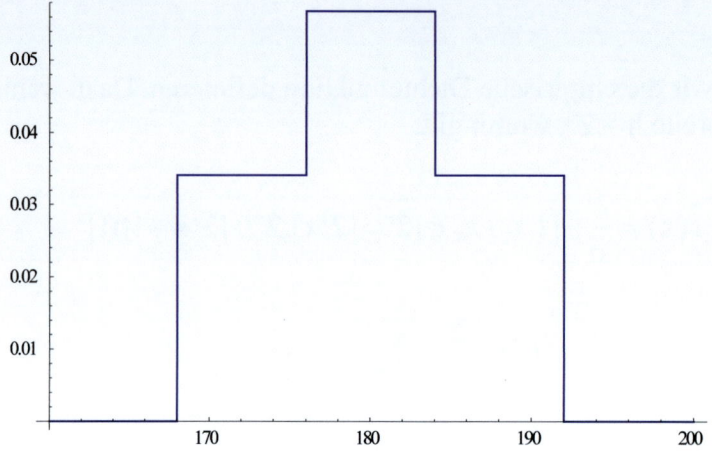

8.3 Approximation von Messwerten (nichtparametri-sche Regression)

Wir gehen davon aus, dass n Wertepaare (x_1,y_1), (x_2,y_2), ..., (x_n,y_n) vorlie-gen. Die y_i seien Realisierungen von Zufallsvariablen, die sich wie folgt darstellen lassen: $Y_i = f(x_i) + E_i$, wobei die Zufallsvariablen E_i alle u.i. $N(0,\sigma^2)$ verteilt sind. Dies sind auch die Annahmen der klassischen parametrischen Regression. Bei der klassischen Regression geht man davon aus, dass man die Funktion f bis auf eine bestimmte Anzahl unbekannter Parameter kennt. Z.B. $f(x) = \beta_0 + x\beta_1$, was dem klassischen Modell der einfachen linearen Regression entspricht. Bei der nichtparametrischen Regression, die wir im Folgenden durchführen, muss die Funktion f nicht bekannt sein, sie ist also viel allgemeiner. Außerdem können die Zufallsvariablen E_i auch eine andere Verteilung als die Normalverteilung haben. Diese Zufallsvariable kann in der Praxis z.B. als Messfehler interpre-tiert werden, d.h. die y-Werte sind auf eine bestimmte Art „verfälscht".

Der Einfachheit halber gehen wir davon aus, dass $x \in [0;1]$ ist und dass $x_i = i/n$, für $i = 1,2,..,n$, gilt. Bei der ersten Methode zur Bestimmung einer Regressionsmethode gehen wir davon aus, dass die Werte x_i nicht zufällig, d.h. keine Realisierungen von Zufallsvariablen sind. Wie bereits in den vor-hergehenden Kapiteln gesehen, dass wir die Funktion f, sofern sie bekannt wäre, mit Hilfe der Skalierungsfunktion ϕ (diese ist in diesem Kapitel der Einfachheit halber reellwertig) approximieren können:

$$f_j(x) = \sum_k f_k^j \phi_{j,k}(x) \quad \text{mit} \quad f_k^j = \int_0^1 \phi_{j,k}(x)f(x)dx$$

Dabei konnte man mit j festlegen, wie hoch die „Auflösung" sein soll, bzw. welche Details von f noch berücksichtigt werden sollen. Da wir nun aber im praktischen Fall die Funktion f nicht kennen, können wir auch das obere Intergral nicht berechnen. Wir können es aber annähern. Dazu definieren wir zunächst eine Hilfsfunktion $\tilde{f}$:

$$\widetilde{f}(x) = \begin{cases} y_i & ; \dfrac{i-1}{n} \leq x < \dfrac{i}{n} \\ 0 & ; \text{sonst} \end{cases}$$

Mit dieser Hilfsfunktion können wir die Koeffizienten $f_k^{\,j}$ näherungsweise bestimmen:

$$\widetilde{f}_k^{\,j} = \int_0^1 \phi_{j,k}(s)\widetilde{f}(s)ds = \sum_{i=1}^n \int_{\frac{i-1}{n}}^{\frac{i}{n}} \phi_{j,k}(s)\widetilde{f}(s)ds = \sum_{i=1}^n y_i \int_{\frac{i-1}{n}}^{\frac{i}{n}} \phi_{j,k}(s)ds$$

Somit kann $f_j(x)$ wie folgt angenähert werden:

$$\widetilde{f}_j(x) = \sum_{k=-\infty}^{\infty} \widetilde{f}_k^{\,j} \cdot \phi_{j,k}(x) = \sum_{k=-\infty}^{\infty} \sum_{i=1}^n y_i \int_{\frac{i-1}{n}}^{\frac{i}{n}} \phi_{j,k}(s)ds \cdot \phi_{j,k}(x)$$

$$= \sum_{i=1}^n y_i \sum_{k=-\infty}^{\infty} \int_{\frac{i-1}{n}}^{\frac{i}{n}} \phi_{j,k}(s)ds \cdot \phi_{j,k}(x)$$

Also:

$$\widetilde{f}_j(x) = \sum_{i=1}^n y_i \int_{\frac{i-1}{n}}^{\frac{i}{n}} \sum_{k=-\infty}^{\infty} \phi_{j,k}(x) \cdot \phi_{j,k}(s)ds$$

Dies ist nun die Regressionsfunktion der nichtparametrischen Regression und in der Terminologie der Statistik eine Schätzfunktion für die in der Praxis unbekannte Funktion f. Der Integrand in der letzten Formel stellt eine

Wavelet-Version des Kerns im Rahmen der Kernschätzung dar. Diesen werden wir später bei der zweiten Methode mit $K_j(x,s)$ bezeichnen.

Man hat nun die Möglichkeit in der Wahl von j festzulegen, welche Details noch berücksichtigt werden sollen. Man sollte j allerdings nicht zu hoch wählen, da in der Praxis und auch aufgrund des Rechenaufwandes nicht beliebig viele Wertepaare vorhanden sind. Im praktischen Fall muss dann auch der Summationsbereich für k nicht über ganz $\mathbb{Z}$ verlaufen.

Beispiel:
Als Funktion verwenden wir

$$f(t) = \begin{cases} \sin(2\pi \cdot t) & ; 0 \leq t < 1/2 \\ \sin(4\pi \cdot t) & ; 1/2 \leq t < 1 \\ 0 & ; \text{sonst} \end{cases}$$

Wie in der unteren Grafik zu erkennen ist, ist diese Funktion f an der Stelle ½ nicht differenzierbar.

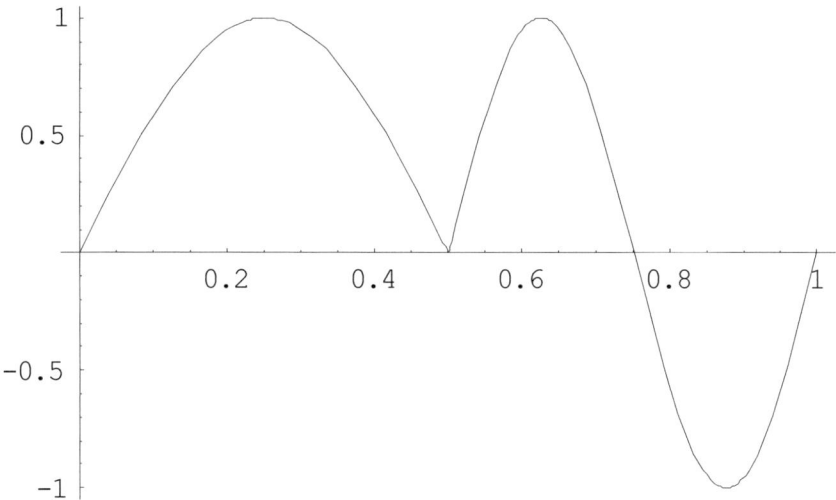

$x_k = k/20$,
$y_k = f(x_k) + e_k$, mit $k = 1, 2, \ldots, 20$.

e_k sind Realisierungen von mit den Parametern $\mu = 0$ und $\sigma = 0{,}01$ normal-verteilter Zufallsvariablen.

Es folgt eine graphische Darstellung der Wertepaare:

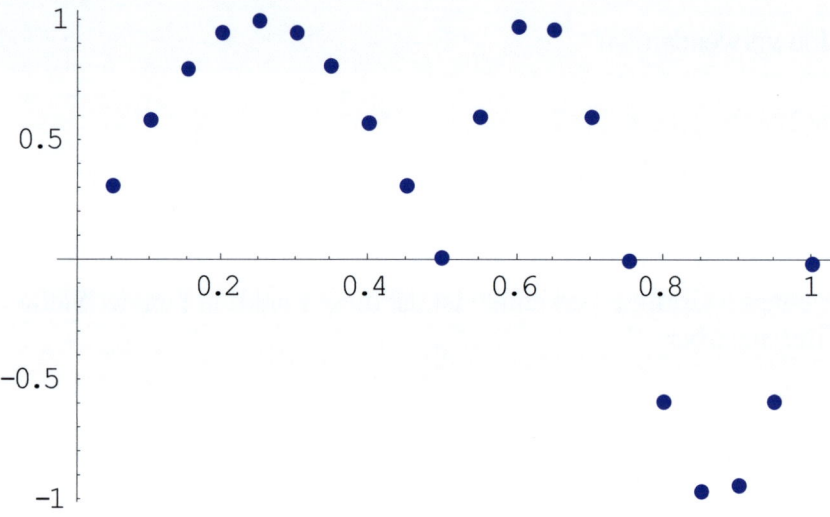

Wir zeichnen nun die Regressionsfunktion zur Auflösung $j = 4$ mit ein:

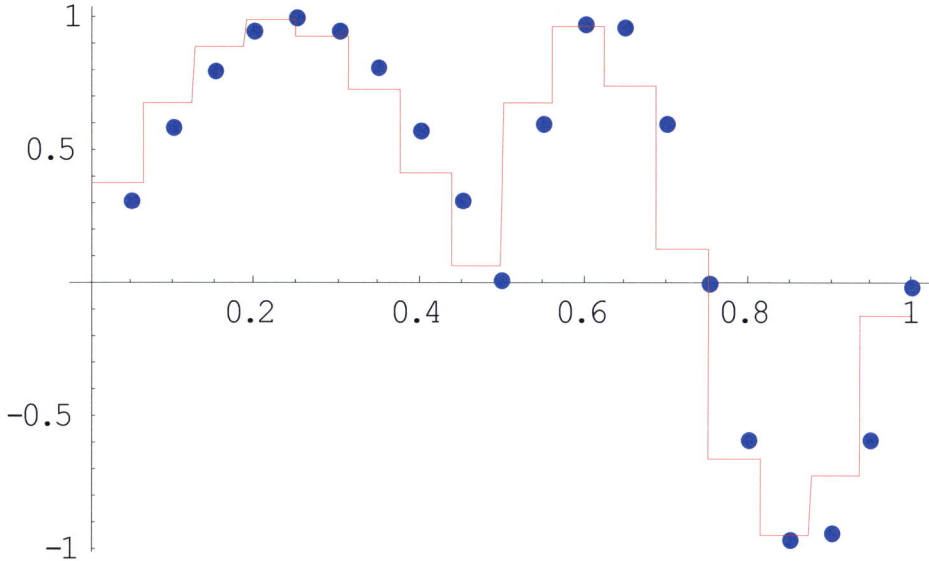

Definiert man die Hilfsfunktion so, dass diese symmetrisch um die Stelle x_i konstant y_i ist, d.h.,

dass $\widetilde{f}(x) = y_i$ für $\dfrac{i-1}{n} + \dfrac{1}{2n} \leq x < \dfrac{i}{n} + \dfrac{1}{2n}$ gilt, also

$$\widetilde{f}(x) = \begin{cases} y_i & ; \dfrac{2(i-1)+1}{2n} \leq x < \dfrac{2i+1}{2n} \\ 0 & ; \text{sonst} \end{cases},$$

dann ergibt sich noch eine bessere Anpassung (sonst befindet sich der Graph zu weit links):

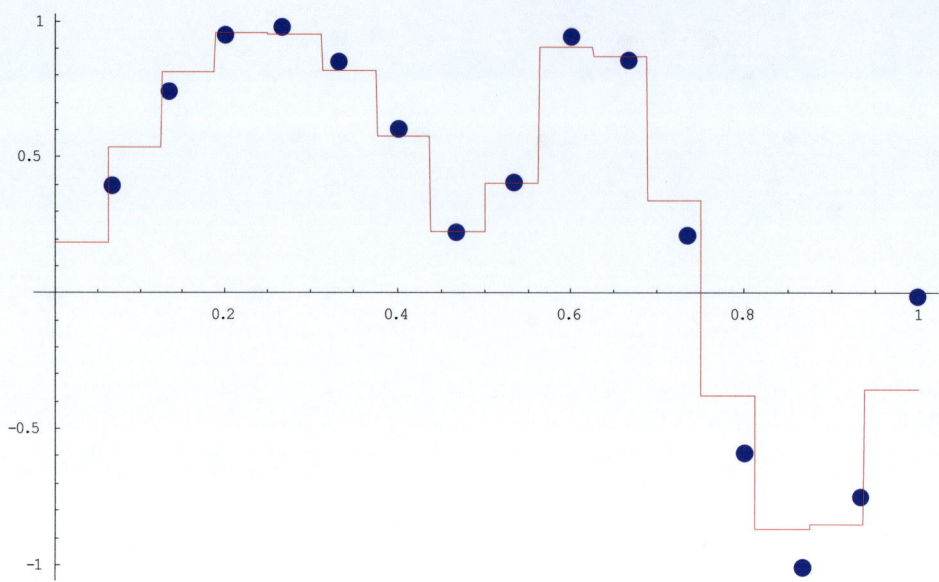

Verwendet man die Skalierungsfunktion des Shannon Wavelets, so erhält man eine vernünftige Approximation (das Haarwavelet wurde hier nur für didaktische Zwecke verwendet):

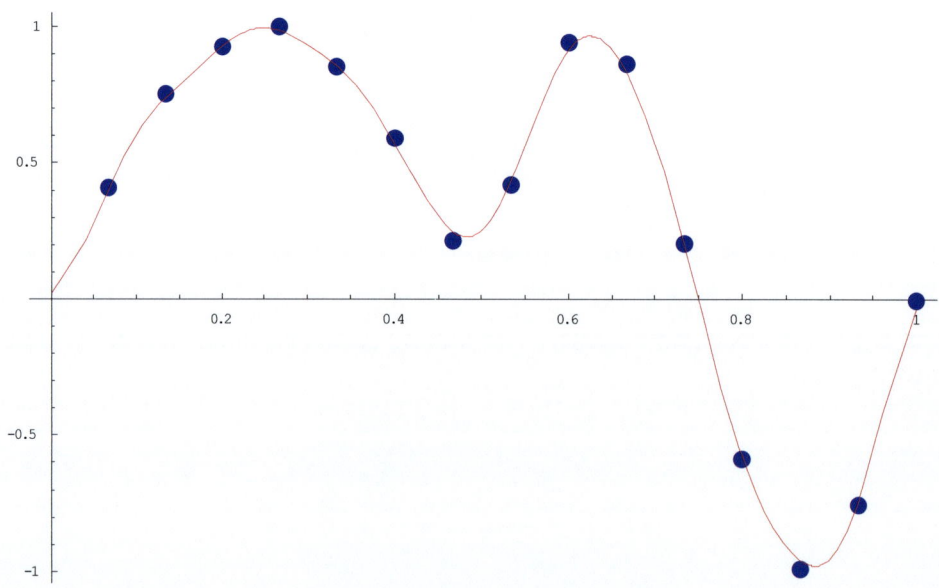

8.4 Shannons Abtasttheorem

Das Abtasttheorem von Shannon (Sampling Theorem) hat eine große Bedeutung in der Praxis (zum Beispiel beim Speichern von Musik auf CDs). Voraussetzung des Shannon-Theorems ist, dass eine Funktion $f \in L^1 \cap L^2$ gegeben ist, deren Fouriertransformierte F außerhalb eines kompakten Bereichs $\{\omega \mid |\omega| \le \Omega\}$ verschwindet, d.h., es muss gelten: $F(\omega) = 0$ für $|\omega| > \Omega \in \mathbb{R}$, d.h. F soll einen kompakten Träger besitzen. Diese Funktion nennt man „bandbegrenzt". Dann besagt dieses Theorem, dass sich die Funktion f vollständig (d.h. für alle $t \in \mathbb{R}$) rekonstruieren lässt, wenn man nur die Funktionswerte an diskreten Stellen $k\pi/\Omega$ mit $k \in \mathbb{Z}$ kennt. Es gilt:

$$f(t) = \sum_k f(\frac{\pi}{\Omega}k)\frac{\sin(\Omega t - \pi k)}{\Omega t - \pi k} = \sum_k f\left(\frac{\pi}{\Omega}k\right) \cdot \phi_{0,k}(t) \text{ mit } \phi = \phi_{Shannon}.$$

Diese Beziehung ergibt sich, wenn man die Fouriertransformierte F von f auf $\{\omega \mid |\omega| \le \Omega\}$ als Fourierreihe darstellt. Da $F \in L^2[-\Omega,\Omega]$ ist und F stetig ist wenn $F \in L^1[-\Omega,\Omega]$ gilt.

$$(1) \quad F(\omega) = \sum_{k=-\infty}^{\infty} c_k e^{-i\pi/\Omega \cdot k\omega} \text{ mit } c_k = \frac{1}{2\Omega}\int_{-\Omega}^{\Omega} F(\omega) \cdot e^{i\pi/\Omega \cdot k\omega} d\omega$$

Da F außerhalb des Intervalls $[-\Omega,\Omega]$ identisch Null ist, gilt:

$$(2) \quad c_k = \frac{2\pi}{2\Omega \cdot 2\pi}\int_{-\infty}^{\infty} F(\omega) \cdot e^{i\pi/\Omega \cdot k\omega} d\omega = \frac{\pi}{\Omega} f\left(\frac{\pi}{\Omega} \cdot k\right)$$

Wir haben hier bei der Zurücktransformation anstelle des Faktors $1/\sqrt{2\pi}$ den Faktor $1/(2\pi)$ verwendet. Aus diesem Grund verwenden wir bei der Fouriertransformation keinen Vorfaktor im Rahmen dieser Herleitung. Man kann somit die Fourierkoeffizienten von F über die Funktionswerte von f bestimmen. Nun transformieren wir F in der Darstellung als Fourierreihe zurück:

$$f(t) = \frac{1}{2\pi}\int_{-\infty}^{\infty} F(\omega)\cdot e^{i\omega t}d\omega = \frac{1}{2\pi}\int_{-\Omega}^{\Omega} F(\omega)\cdot e^{i\omega t}d\omega \overset{(1)}{=} \frac{1}{2\pi}\sum_{k=-\infty}^{\infty} c_k \int_{-\Omega}^{\Omega} e^{-i\pi/\Omega\cdot k\omega}\cdot e^{i\omega t}d\omega$$

$$\overset{(2)}{=} \frac{1}{2\pi}\sum_{k=-\infty}^{\infty} \frac{\pi}{\Omega}f\left(\frac{\pi}{\Omega}\cdot k\right)\int_{-\Omega}^{\Omega} e^{i(t-\pi/\Omega\cdot k)\omega}d\omega \overset{(3)}{=} \frac{1}{2\pi}\sum_{k=-\infty}^{\infty} \frac{\pi}{\Omega}f\left(\frac{\pi}{\Omega}\cdot k\right)\frac{2\Omega\sin(\Omega t - k\pi)}{\Omega t - k\pi}$$

$$= \sum_{k=-\infty}^{\infty} f\left(\frac{\pi}{\Omega}\cdot k\right)\frac{\sin(\Omega t - k\pi)}{\Omega t - k\pi}$$

Mit (3):

$$\int_{-a}^{a} 1\cdot e^{i\omega t}d\omega = \left[\frac{1}{it}e^{i\omega t}\right]_{-a}^{a} = \frac{1}{it}\left(e^{iat}-e^{-iat}\right) = \frac{1}{t}\cdot\frac{1}{i}\cdot i\sin(at)\cdot 2 = \frac{2\cdot\sin(at)}{t}$$

Bemerkung:

1) $\{\phi_{Shannon}(t-k)\}_{k\in\mathbb{Z}}$ ist mit dem Shannon-Theorem eine orthonormale Basis aller f aus L^2 bildet, deren Fouriertransformierte $F(\omega)$ für $|\omega| > \pi$ verschwindet. Mit dieser Skalierungsfunktion kann nun auch eine Multiskalenanalyse durchgeführt werden. $\{\phi(t-k)\}_{k\in\mathbb{Z}}$ ist eine Orthonormalbasis des V_0. Allgemein gilt dann, dass bei einer Multiskalenanalyse mit der Skalierungsfunktion des Shannon-Wavelets V_j der Raum aller f aus L^2 ist, für die

$$supp(F) \subseteq [-2^j\cdot\pi, 2^j\cdot\pi]$$

gilt.

2) Der Einfachheit halber wird in diesem Kapitel öfter der Term

$$a(t) = \frac{\sin(\Omega t - k\pi)}{\Omega t - k\pi}$$

ohne Fallunterscheidung verwendet. Gemeint wird hier immer $\tilde{a}(t) = a(t)$ für $t \neq k\pi/\Omega$ und $\tilde{a}(t) = 1$ für $t = k\pi/\Omega$, bzw. in der praktischen Anwendung $\tilde{a}(t) = a(t)$ für $|t - k\pi/\Omega| > \epsilon$ und $\tilde{a}(t) = 1$ für $|t - k\pi/\Omega| \leq \epsilon$.

Beispiel:
Wir kommen nun zu einem Beispiel und gehen nicht den üblichen Weg, beginnend mit der Funktion f im Originalraum, sondern wir gehen hier zunächst von der Fouriertransformierten

$$F(\omega) = \begin{cases} 1 & \text{für } -\pi \leq \omega < \pi \\ 0 & \text{sonst} \end{cases} = \sigma(\omega + \pi) - \sigma(\omega - \pi)$$

aus, die einen kompakten Träger besitzt, d.h., die entsprechend den Voraussetzungen des Theorems erfüllt und außerhalb des kompakten Bereichs $|\omega| > \pi = \Omega$ verschwindet.

Diese Funktion f ist zunächst an der Stelle t = 0 nicht definiert, man kann sie allerdings stetig ergänzen:

$$f(t) = \begin{cases} \dfrac{\sin(\pi t)}{\pi t} & \text{für } t \neq 0 \\ 1 & \text{für } t = 0 \end{cases} \quad , \text{ da } \lim_{t \to 0} f(t) = 1.$$

Hier ist sogar $f = \phi_{\text{Shannon}}$. Nach Shannons Theorem benötigen wir jetzt nur die Funktionswerte an den Stellen $k \in \mathbb{Z}$ und können mit diesen diese Funktion vollständig rekonstruieren.

Da $\Omega = \pi$, gilt:

$$f(t) = \sum_k f(k) \frac{\sin(\pi(t-k))}{\pi(t-k)} = \sum_k f(k)f(t-k)$$

Kommen wir zum zweiten Beispiel und beginnen wieder mit der Definition der Fouriertransformierten

$$F(\omega) = \begin{cases} 1+\omega & \text{für } -1 \leq \omega < 0, \\ 1-\omega & \text{für } 0 \leq \omega < 1, \\ 0 & \text{sonst.} \end{cases}$$

Es folgt der Graph von $\hat{f}$:

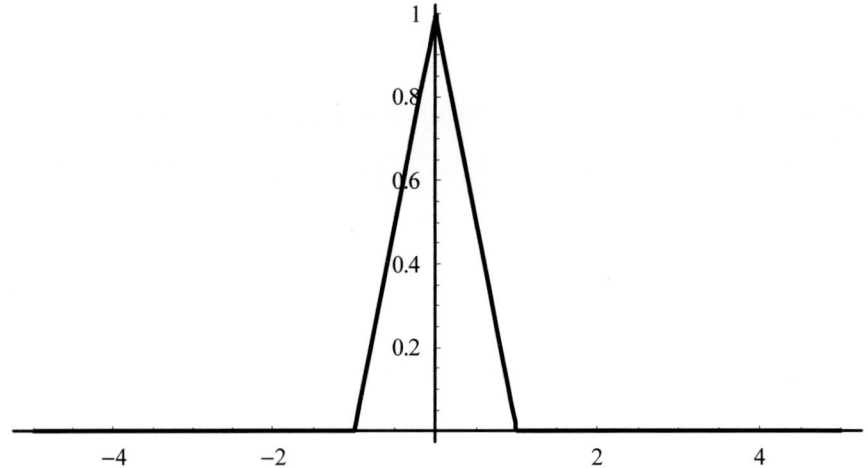

Für diese Fouriertransformierte F gilt somit $\Omega = 1$ und im Originalraum erhalten wir:

$$f(t) = \begin{cases} \dfrac{1}{\pi t^2}(1-\cos(t)) & \text{für } t \neq 0 \\ \dfrac{1}{2\pi} & \text{für } t = 0 \end{cases}$$

Nun wollen wir die Funktion nicht vollständig rekonstruieren, sondern eine Näherung für diese Funktion bestimmen, indem wir nur die Funktionswerte an den Stellen -20π, -19π,..., 0, π,..., 19π, 20π verwenden. Wir bestimmen somit die Näherungsfunktion:

$$f(t) \approx \sum_{-20 \leq k \leq 20} f(\pi k) \frac{\sin(t - \pi k)}{t - \pi k}.$$

Der Vorteil dieses Verfahrens liegt nun darin, wie oben zu sehen ist, dass keine Koeffizienten über Integrale bestimmt werden müssen, sondern die Koeffizienten sind die Funktionswerte an den diskreten Stellen selbst.

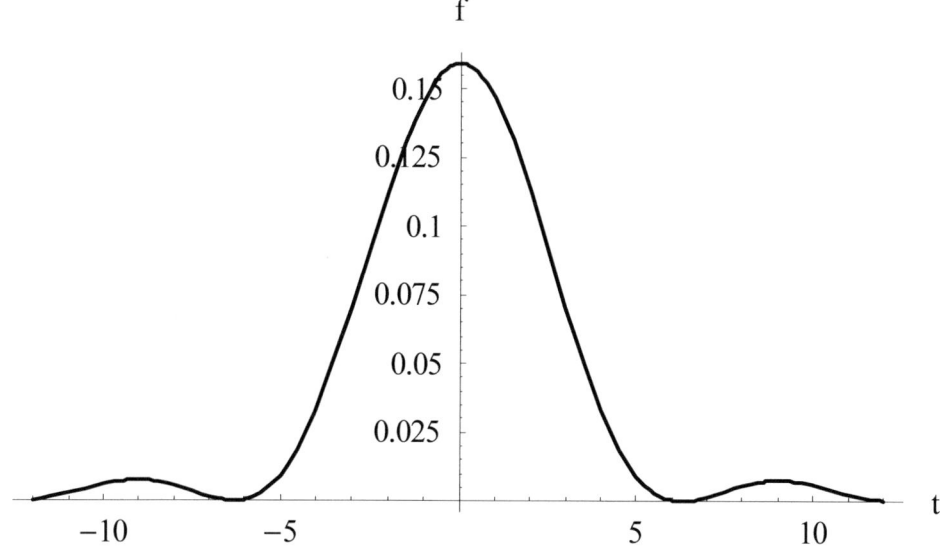

Oben sind der Graph der Funktion f und ihre Näherung gezeichnet worden. Man sieht zwischen beiden graphisch praktisch keinen Unterschied. Hierin liegt nun die Bedeutung für die Praxis: Man kann Funktionen, die den Bedingungen des Theorems genügen, beliebig genau rekonstruieren, indem man nur die Funktionswerte an bestimmten Stellen abspeichert. Da diese Funktionswerte außerhalb des Bereichs ±2π „relativ klein" sind, genügen hier sogar viel weniger Stellen. Wir verwenden aus diesem Grund nur die

Stellen -π, 0, π und zeichnen nochmals den Graphen der Funktion f und ihre Näherung.

Verwendet man

$$\sum_{-1 \le k \le 1} f(\pi k) \frac{\sin(t - \pi k)}{t - \pi k} = \frac{\sin(t)}{2\pi t} - \frac{2\sin(t)}{\pi^3(t - \pi)} - \frac{2\sin(t)}{\pi^3(t + \pi)}$$

als Approximationsfunktion, dann ergibt sich folgendes Bild:

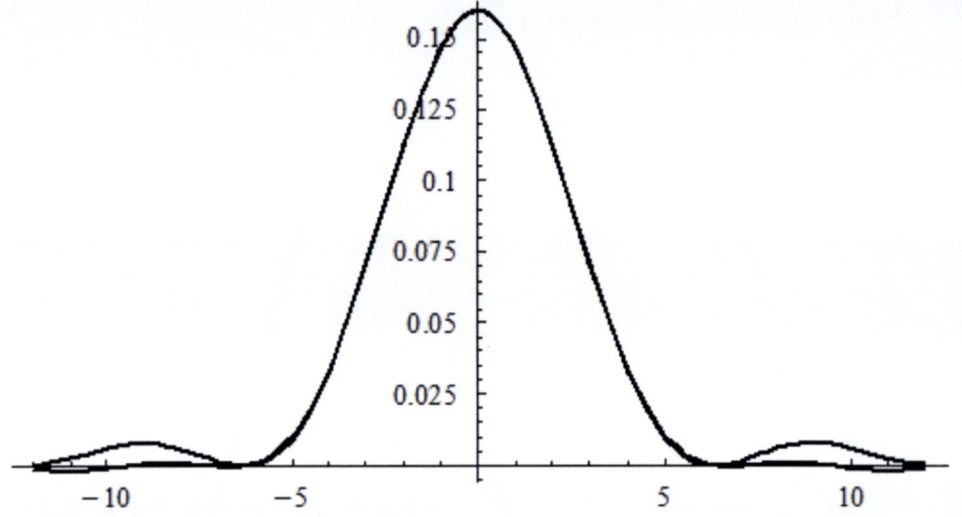

Trotz der Verwendung einer viel geringeren Anzahl von Funktionswerten ist im Bereich [-6, 6] fast kein Unterschied zwischen beiden Kurven zu erkennen. Erst im größeren Abstand vom Nullpunkt machen sich Abweichungen in der Grafik bemerkbar.

8.5 Numerisches Lösen von gewöhnlichen Differential-gleichungen

Die Idee des numerischen Lösens von gewöhnlichen Differentialgleichungen besteht darin, eine Lösung y mit einer Funktion y_j aus dem Raum V_j zu approximieren:

$$y_j(t) := \sum_{k=-n}^{n} c_k \phi_{j,k}(t)$$

Die Skalierungsfunktion ϕ muss aus C^r sein, wenn die Ordnung der gewöhnlichen Differentialgleichung r ist. Wir betrachten in unserem Beispiel ein Anfangswertproblem:

(1) $y' = f(y,t)$ mit $y(t_0) = y_0$.

Für unsere Näherung ist es nicht notwendig, dass die gewöhnliche Differentialgleichung die gleiche Form wie in (1) hat. Sie kann ebenso in impliziter Form oder als Anfangswertproblem höherer Ordnung gegeben sein, wie zum Beispiel

$$F(y'', y', y, t) = 0 \text{ mit } y(t_0^{(1)}) = y_0^{(1)} \text{ und } y'(t_0^{(2)}) = y_0^{(2)}.$$

Für die Beschreibung des Algorithmus benutzen wir jedoch ein Anfangswertproblem der Form (1).

Unsere Kollokationsfunktion y_j hat 2n+1 unbekannte Parameter c_k. Diese werden so gewählt, dass die DGL in 2n Kollokationsstellen t_i erfüllt und der Anfangswert y_0 ist.

Wir müssen also 2n+1 Gleichungen

(2) $y_j'(t_i) = f(y_j(t_i), t_i)$ für $i = 1, \ldots, 2n$ und $y_j(t_0) = y_0$

für die c_k lösen, wobei die t_i paarweise verschieden sind. Wenn wir die Lösung im Intervall $[t_0, t_{end}]$ approximieren wollen, ist eine mögliche Wahl der Kollokationsstellen die folgende:

$$t_i = h \cdot i + t_0 \text{ mit } h = \frac{t_{end} - t_0}{2n}.$$

Anstatt eine Gleichung zu lösen um die c_k zu bekommen kann man auch das folgende Minimierungsproblem lösen:

$$\min_{c_k} \underbrace{\sum_i (y_j'(t_i) - f(y_j(t_i), t_i))^2 + (y_j(t_0) - y_0)^2}_{:=Q(\bar{c})}$$

Hier ist $\bar{c}$ der Vektor mit Komponenten c_k. Dieses Minimierungsproblem ist äquivalent zum Lösen des Gleichungssystems, sofern die $2n$ Kollokationsstellen wie oben gewählt werden. Wir können jedoch, wie in unserem Beispiel, auch mehr Kollokationsstellen t_i wählen. In diesem Fall verwenden wir die Methode der kleinsten Quadrate um die Parameter c_k zu bestimmen und die Gleichung wird so nur näherungsweise erfüllt.

Wir können nun die folgende Schrittweite wählen

$$h = \frac{t_{end} - t_0}{m} \text{ mit } m \geq 2n.$$

In den Beispielen in diesem Kapitel wird die Skalierungsfunktion des Shannon-Wavelets verwendet. Wir setzen in den Beispielen $j=1$.

Beispiele:
1) Gegeben sei das folgende Anfangswertproblem

$$y' = -2\,t\,y,$$
$$y(0) = 1 \ .$$

Die Lösung ist $y(t) = e^{-t^2}$.

Die Lösung wird auf dem Intervall [0,4] approximiert. Wir wählen

$$y_1(t) = \sum_{k=-10}^{10} c_k \cdot \phi_{1,k}(t)$$

als Approximationsfunktion Funktion. Die Koeffizienten c_k werden so berechnet, dass

$$\min_{c_k} Q(\bar{c}) = \min_{c_k} \sum_{i=1}^{40} (y_1'(\tfrac{i}{10}) + 2 \cdot i/10 \cdot y_1(\tfrac{i}{10}))^2 + (y_1(0) - 1)^2$$

erfüllt ist. Damit haben wir $t_i = i/10$ gesetzt für $i = 1, 2, \ldots, 40$.

Wir erhalten damit folgenden Graphen der Approximationsfunktion y_1:

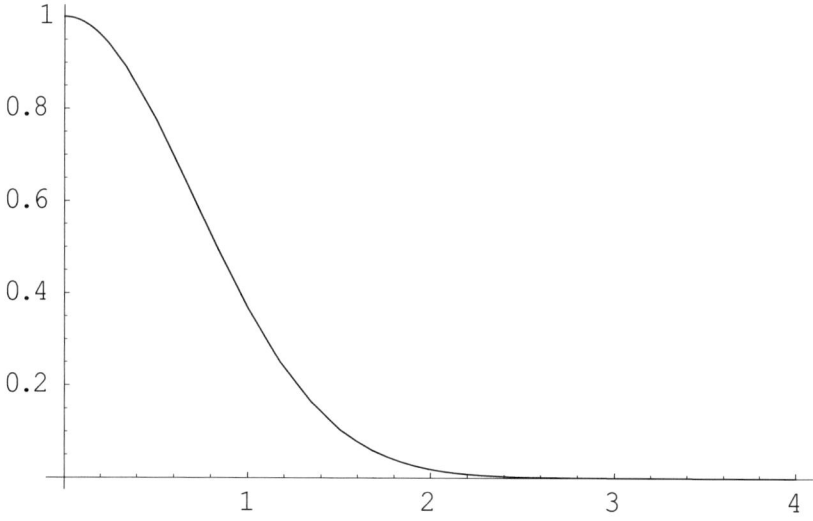

Es folgt der Graph der Differenz $y_1 - y$:

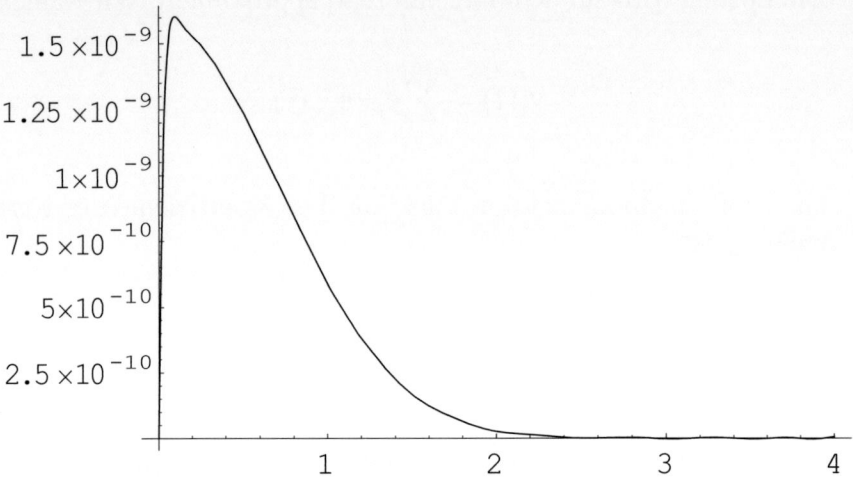

Wir vergleichen nun noch die Koeffizienten c_k, die wir über das obige Minimierungsproblem bestimmt haben mit den Koeffizienten

$$f_k^1 = \int_{-\infty}^{\infty} y(t) \cdot \phi_{1,k}(t)dt \, .$$

Wir stellen dazu die Koeffizienten c_k und die Koeffizienten f_k^1 in einer Tabelle gegenüber. Wie zu sehen ist, gibt es erst bei den Koeffizienten mit größerem $|k|$ größere Abweichungen.

Hier ist die Tabelle für $k = 0, 1,.., 10$ zum Vergleich (es gilt $c_k = c_{-k}$, wegen der Symmetrie von y).

k	c_k	f_k^1	$|f_k^1 - c_k|$	$|(f_k^1 - c_k)/f_k^1|$
0	0.707107	0.707101	6.27638×10^{-6}	8.87623×10^{-6}
1	0.550695	0.550701	6.14871×10^{-6}	0.0000111652
2	0.26013	0.260124	5.79532×10^{-6}	0.000022279
3	0.0745285	0.0745338	5.27852×10^{-6}	0.0000708205
4	0.0129511	0.0129464	4.68199×10^{-6}	0.000361643
5	0.00136504	0.00136911	4.07619×10^{-6}	0.00297724
6	0.0000872639	0.0000837542	3.50968×10^{-6}	0.0419046
7	3.38359×10^{-6}	6.39081×10^{-6}	3.00722×10^{-6}	0.470554
8	7.95784×10^{-8}	-2.49637×10^{-6}	2.57595×10^{-6}	1.03188
9	-2.23357×10^{-8}	2.2138×10^{-6}	2.23613×10^{-6}	1.01009
10	-2.47061×10^{-7}	-1.90945×10^{-6}	1.66239×10^{-6}	0.870611

2) Gegeben ist das folgende Anfangswertproblem:

$$y' = -2\,t\,y^2,$$
$$y(0) = 1 \ .$$

Die Lösung ist:
$$y(t) = \frac{1}{1+t^2}$$

Wir verwenden wieder das Approximationsintervall [0,4] wie in Beispiel 1) und auch dieselbe Approximationsfunktion

$$y_1(t) = \sum_{k=-10}^{10} c_k \cdot \phi_{1,k}(t) \ .$$

Um die Koeffizienten c_k zu erhalten lösen wir

$$\min_{c_k} Q(\bar{c}) = \min_{c_k} \sum_{i=1}^{40} (y_1'(i/10) + 2 \cdot i/10 \cdot (y_1(i/10))^2)^2 + (y_1(0) - 1)^2 \ .$$

Hier ist der Graph von y_1:

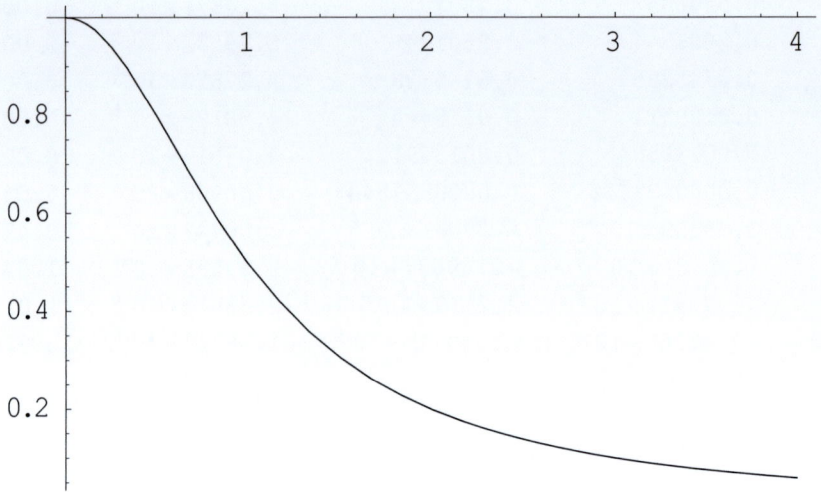

Und der Graph von y_1 - y:

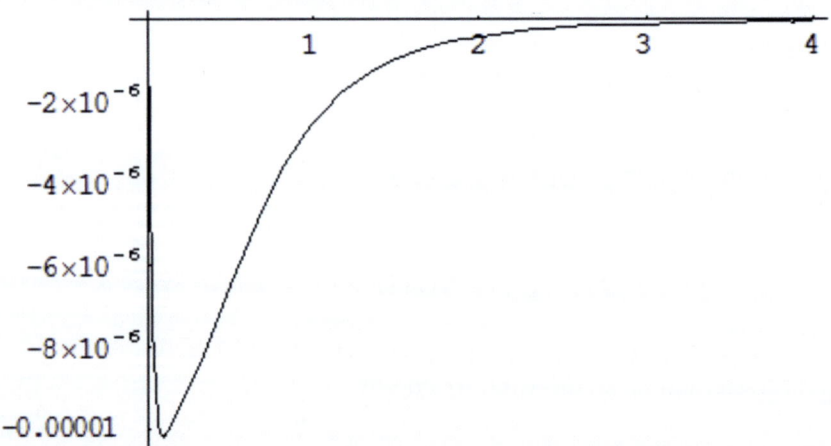

9 Literatur

[1] Ameling, W.: Laplace-Transformation. Braunschweig: Vieweg 1979.

[2] Blatter, Ch.: Wavelets. Wiesbaden: Vieweg 1998.

[3] Brigda, R.: Fourieranalysis, Distributionen und Anwendungen. Wiesbaden: Vieweg 1997.

[4] Butz, T.: Fouriertransformation für Fußgänger. Stuttgart / Leipzig: Teubner 2000.

[5] Doetsch, G.: Anleit. z. prakt. Gebr. der Laplace-Transf. u. der Z-Transf. München: Oldenbourg 1967.

[6] Heuser, H.: Funktionalanalysis, 3. Auflage, B.G. Teubner 1992.

[7] Koenigsberger, K.: Analysis, Bd. 1, 2. Berlin / Heidelberg: Springer 2001.

[8] Kowalsky, H.-J.: Lineare Algebra. Berlin: De Gruyter 1998.

[9] Lingenberg, R.: Einführung in die Lineare Algebra. Mannheim: B.I. 1976.

[10] Louis, A.K., Maaß, P., Rieder, A.: Wavelets. Stuttgart: Teubner 1998.

[11] Odgen, R. Todd: Essential Wavelets for Statistical Applications and Data Analysis. Boston, Berlin, Basel: Birkhäuser 1997.

[12] Sanns, W., Schuchmann, M.: Praktische Numerik mit Mathematica. Wiesbaden: Teubner 2001.

[13a] Schuchmann, M.: Wavelets, Osnabrück: DAV 2004.

[13b] Schuchmann, M.: Approximation and Collocation with Wavelets, Osnabrück: DAV 2012.

[14] Sanns, W., Schuchmann, M.: Mathematik mit Mathematica. München: Oldenbourg 1999.

[15] Schuchmann, M., Sanns, W.: Multivar. Statistik mit Mathematica und SPSS. Osnabrück: DAV 2000.

[16] Schuchmann, M., Sanns, W.: Statistik mit Mathematica. München: Oldenbourg 1999.

[17] Spiegel, M.R.: Laplace-Transformationen Theorie und Anwendung. Mc Graw Hill 1965.

[18] Weber, H.: Laplace-Transformation für Ingenieure der Elektrotechnik. Stuttgart: Teubner 1990.

[19] Werner, D.: Funktionalanalysis, 5. Auflage, Springer Verlag 2005.